高等职业教育工业机器人技术专业系列教材

U0792639

工业机器人应用案例教程

主　编　杨宏帅
副主编　敖冰峰　雍丽英
参　编　刘　伟　何　俊　孙　博　付　斌

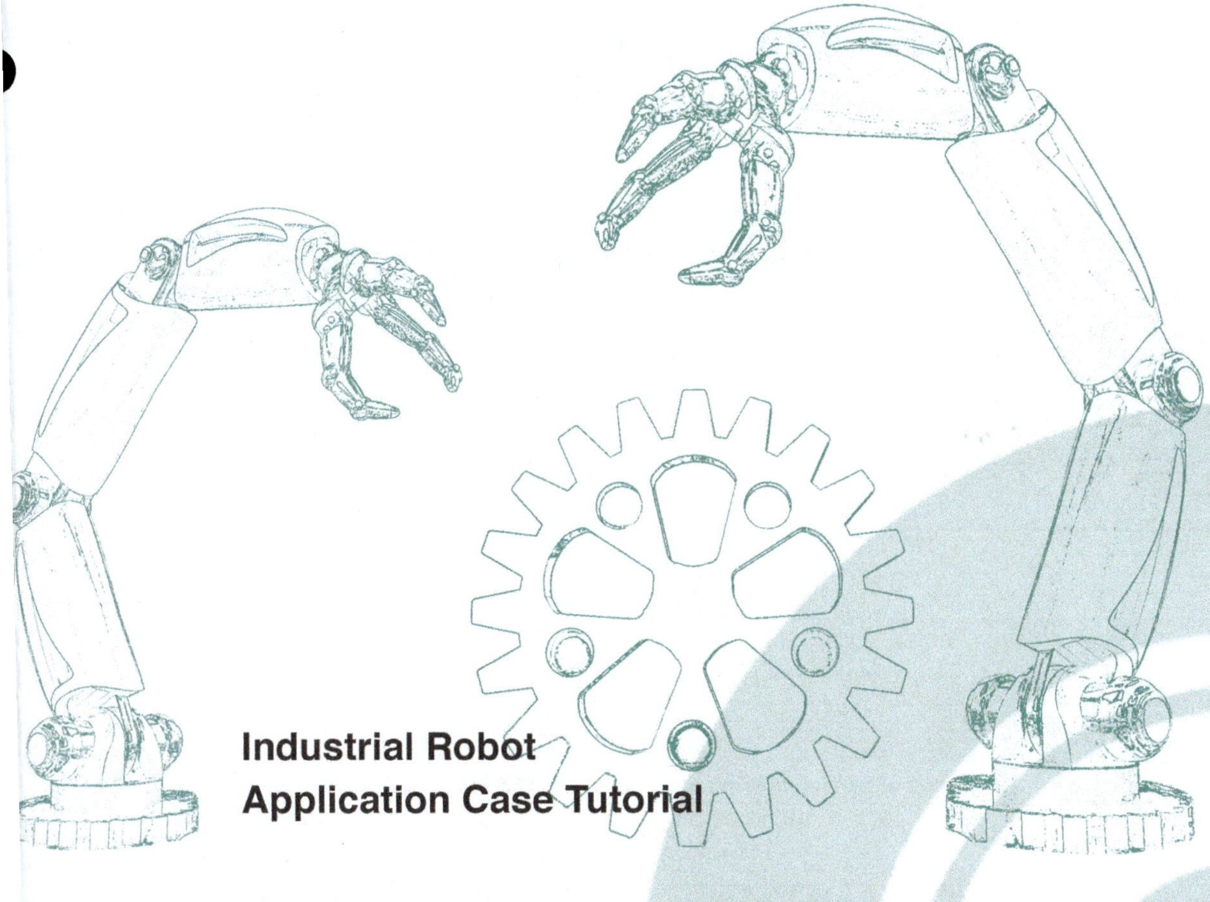

Industrial Robot
Application Case Tutorial

机械工业出版社
CHINA MACHINE PRESS

本书的主要内容包括工业机器人概述、机器视觉技术应用、上下料应用实战、搬运码垛应用实战、焊接应用实战、雕刻应用实战、打磨应用实战和装配应用实战共八个项目，每个项目设有若干个任务。每个任务都是从应用案例角度出发，利用学习载体将学习内容与实战岗位工作过程结合，突出理论与实践相结合，注重循序渐进与系统学习，强化学生的工业机器人实践操作能力，通过完成工作任务使学生掌握工业机器人的基础知识，具备一定的编程设计能力，培养现代工业机器人设计与制造人员应具备的专业精神和职业素养。

本书可作为应用型本科、中职和高职院校工业机器人技术或机器人工程、机电一体化技术、电气自动化技术等专业的教材，也可供相关工程技术人员阅读参考。

本书配有电子课件，凡使用本书作为教材的教师可登录机械工业出版社教育服务网 www.cmpedu.com 注册后下载。咨询电话：010-88379375。

图书在版编目（CIP）数据

工业机器人应用案例教程/杨宏帅主编. —北京：机械工业出版社，2023.8（2025.9重印）

高等职业教育工业机器人技术专业系列教材

ISBN 978-7-111-73499-4

Ⅰ.①工…　Ⅱ.①杨…　Ⅲ.①工业机器人-高等职业教育-教材　Ⅳ.①TP242.2

中国国家版本馆 CIP 数据核字（2023）第 127859 号

机械工业出版社（北京市百万庄大街 22 号　邮政编码 100037）

策划编辑：薛　礼　　　　责任编辑：薛　礼　杜丽君

责任校对：贾海霞　张　薇　　封面设计：张　静

责任印制：常天培

河北虎彩印刷有限公司印刷

2025 年 9 月第 1 版第 2 次印刷

184mm×260mm · 10.5 印张 · 254 千字

标准书号：ISBN 978-7-111-73499-4

定价：37.00 元

电话服务
客服电话：010-88361066
010-88379833
010-68326294

网络服务
机　工　官　网：www.cmpbook.com
机　工　官　博：weibo.com/cmp1952
金　书　网：www.golden-book.com
机工教育服务网：www.cmpedu.com

封底无防伪标均为盗版

Industrial Robot

前言

党的二十大报告指出，教育、科技、人才是全面建设社会主义现代化国家的基础性、战略性支撑；统筹职业教育、高等教育、继续教育协同创新，推进职普融通、产教融合、科教融汇，优化职业教育类型定位。当前，科教兴国战略已经成为国家战略的重要组成部分，高职教育的地位日益重要，高质量的创新型人才培养已经成为实施科教兴国战略的重要举措之一。编写本书旨在贯彻落实国家科教兴国战略，推动工业机器人技术的应用和创新，为我国现代化建设提供有力的人才支撑和技术支持。

本书侧重工业机器人应用工艺案例的介绍，涵盖典型工业机器人应用场景。本书基于数字孪生系统的工业机器人模型/自主移动机器人底盘的柔性无人化自动化工厂，内容涉及原材料/成品库管理系统、物料搬运码垛系统、数控加工系统、上下料系统、工业视觉检测系统、雕刻/3D打印材料成型系统、半成品打磨系统以及部件装配系统等，以建设、运维智慧工厂的理念和方法进行典型工业机器人应用场景的课程和案例设计，以信息化顶层构建和虚实结合的方式进行实践教学。学生可以从分站的设计、工业机器人的编程示教、整个生产线的搭配和模拟、节拍的控制以及工作站配件的设计选型等诸多工厂实际需求中得到锻炼和提升。本书具有以下特点：

1）配有数字孪生系统，可采用虚实结合、线上线下相结合的方式开展教学，特别是基于数字孪生的全流程无人化智慧工厂的引入，使学生在学习阶段就能接触实际工厂的主要生产环节，从宏观工厂到微观各子系统工艺编程都有亲自实践的虚实结合装备，为后续实习和工作做好技术储备，也为后续相关技能的提升奠定扎实的基础。

2）本书为新型活页式教材，以项目为导向，以多个学习任务为载体，围绕上下料、搬运码垛、切割、打磨、雕刻和装配六大行业应用选取典型案例，实现了课堂教学和职业岗位技能要求的有机融合与贯通。

3）注重职业素养的培养，强化立德树人，贯彻将行业标准、职业习惯、团队协助、创新精神、科学思维、严谨求实及精益求精的工匠精神等素质有机融合的思想，以提高学生的职业素养与道德品质。

本书由黑龙江职业学院杨宏帅任主编，黑龙江职业学院敖冰峰、哈尔滨职业技术学院雍丽英任副主编，参与编写的还有哈尔滨工业大学机器人创新中心有限公司刘伟、何俊、孙博和黑龙江商业大学付斌。全书由杨宏帅负责统稿。

本书在编写内容、理念、架构和体例等方面进行了大胆的探索与创新，但由于编者水平有限，书中难免存在疏漏之处，望广大读者批评指正。

编　者

目录 Contents

前言

项目一　工业机器人概述 / 1

项目导读 / 1
项目学习目标 / 1
项目实施 / 1
任务一　认识工业机器人 / 1
任务二　工业机器人的分类及特点认知 / 3
任务三　工业机器人的主要生产商认知 / 7
任务四　工业机器人的发展前景认知 / 10
项目考核 / 13
项目小结 / 13
练习题 / 13

项目二　机器视觉技术应用 / 16

项目导读 / 16
项目学习目标 / 16
项目实施 / 16
任务一　机器视觉技术概述 / 16
任务二　图像获取 / 19
任务三　视觉处理 / 23
项目考核 / 27
项目小结 / 27
练习题 / 27

项目三　上下料应用实战 / 31

项目导读 / 31
项目学习目标 / 31
项目实施 / 31
任务一　上下料机器人认知 / 31
任务二　上下料工作站实战案例解析 / 33

任务三　上下料工作站分析与设计 /　46
任务四　上下料生产线分析与设计 /　49
项目考核 /　50
项目小结 /　50
练习题 /　50

项目四　搬运码垛应用实战 /　53

项目导读 /　53
项目学习目标 /　53
项目实施 /　53
任务一　搬运码垛机器人认知 /　53
任务二　搬运码垛工作站实战案例解析 /　56
任务三　搬运工作站分析与设计 /　66
任务四　搬运码垛生产线分析与设计 /　70
项目考核 /　72
项目小结 /　73
练习题 /　73

项目五　焊接应用实战 /　76

项目导读 /　76
项目学习目标 /　76
项目实施 /　76
任务一　焊接机器人认知 /　76
任务二　焊接工作站实战案例解析 /　82
任务三　焊接工作站分析与设计 /　89
任务四　焊接生产线分析与设计 /　93
项目考核 /　95
项目小结 /　95
练习题 /　95

项目六　雕刻应用实战 /　98

项目导读 /　98
项目学习目标 /　98
项目实施 /　98
任务一　雕刻机器人认知 /　98
任务二　雕刻工作站实战案例解析 /　99
任务三　雕刻工作站分析与设计 /　108
任务四　雕刻生产线分析与设计 /　110
项目考核 /　111
项目小结 /　111

练习题 / 111

项目七　打磨应用实战 / 114

项目导读 / 114
项目学习目标 / 114
项目实施 / 114
任务一　打磨机器人认知 / 114
任务二　打磨工作站实战案例解析 / 117
任务三　打磨工作站分析与设计 / 127
任务四　打磨生产线分析与设计 / 130
项目考核 / 131
项目小结 / 131
练习题 / 132

项目八　装配应用实战 / 135

项目导读 / 135
项目学习目标 / 135
项目实施 / 135
任务一　装配机器人认知 / 135
任务二　装配工作站实战案例解析 / 137
任务三　装配工作站分析与设计 / 151
任务四　装配生产线分析与设计 / 155
项目考核 / 156
项目小结 / 156
练习题 / 156

参考文献 / 159

ROBOT

项目一 工业机器人概述

项目导读

机器人技术作为20世纪人类最伟大的发明之一，自20世纪60年代初问世以来，经历了60年左右的发展，逐渐应用于人类社会的各个领域，正如计算机技术一样，机器人技术正在日益改变着我们的生产和生活方式。

随着工业化和信息化的快速推进，我国工业机器人市场已进入飞速发展的时代，走向成熟的工业机器人以及各种用途的智能机器人的实用化都昭示着机器人技术灿烂、辉煌的明天，我们有必要以极大的兴趣关注它的发展，研究它的未来，迎接它在生产、生活、学习等方面带来的巨大变革与机遇。

项目学习目标

知识目标	能力目标	素养目标
1. 了解工业机器人的发展历史 2. 掌握工业机器人的特点及分类 3. 了解工业机器人的主要生产商 4. 了解工业机器人的发展前景	1. 学会区分工业机器人的种类，锻炼学生系统分析的能力 2. 分析工业机器人的显著特征，培养学生自主探究的学习能力 3. 通过对工业机器人发展前景的了解，拥有对自我职业定位的规划能力 4. 在学习时，强化学生的自主探究及自学能力	1. 通过对工业机器人工艺流程的介绍，培养学生严谨求实、精益求精的工匠精神 2. 在小组合作学习过程中，培养学生的团队协作意识

项目实施

本项目详细地介绍了工业机器人的定义、起源、发展、分类、工艺流程及应用前景等，较系统地介绍了机器人技术的基础知识，通过学习让学生比较全面地掌握国内外机器人研究和应用的新进展。

任务一 认识工业机器人

工作任务

随着信息时代的到来和机器人技术的飞速发展，机器人所涵盖的内容越来越丰富，机器人的定义也不断充实和创新。本任务介绍了工业机器人的定义及发展历史，通过学习，学生应形成对工业机器人的初步认识。

相关知识

一、工业机器人的发展历史

历史上最早的机器人见于隋炀帝命令工匠按照柳抃形象制造的木偶机器人，施有机关，有坐、起、拜、伏等能力。

1920年，捷克作家卡雷尔·凯佩克发表了科幻剧本《罗萨姆的万能机器人》，凯佩克在剧本中把捷克语“robota”写成了“robot”，其本意是强制劳动的意思，引起了人们的广泛关注，被当成“机器人”一词的来源。凯佩克把机器人定义为服务于人类的家伙，机器人的名字也由此产生，它反映了人类希望制造出像人一样会思考、有劳动能力的机器以代替自己工作的愿望。但在当时，机器人一词也仅仅具有科幻意义，并不具备现实意义，真正将机器人变为现实的是在20世纪工业机器人出现以后。

1. 国外发展历程

从国外的机器人发展历程来看，工业机器人技术的发展经历了三个阶段。

（1）产生和初步发展阶段（1958—1970年） 工业机器人领域的第一个专利是由乔治·德沃尔（图1-1）在1958年申请的，名为可编程的操作装置。约瑟夫·恩格尔伯格对此专利很感兴趣，联合德沃尔在1959年共同制造了世界上第一台工业机器人，称之为Robot，即人手把着机械手，把应当完成的任务做一遍，机器人再按照事先教给它们的程序进行重复工作，主要用于铸造、锻造、冲压和焊接等生产领域。

图1-1 乔治·德沃尔

（2）技术快速进步与商业化规模运用阶段（1971—1984年） 这一时期的技术相较于此前有很大进步，工业机器人开始具有一定的感知功能和自适应离线编程功能，可以根据作业对象的状况改变作业内容。

伴随着技术的快速进步发展，这一时期的工业机器人发展还表现出商业化运用迅猛的特点，工业机器人的“四大家族”——库卡、ABB、安川、FANUC公司分别在1974年、1976年、1978年和1979年开始了全球专利的布局。

（3）智能机器人阶段（1985年至今） 智能机器人带有多种传感器的架构设计，可以将传感器得到的信息进行融合，有效地适应变化的环境，因而具有很强的自适应能力、学习能力和自治功能。

在2000年以后，美国、日本等国都开始了智能军用机器人的研究，并在2002年由美国波士顿动力公司和日本SoftBank Robotics公司共同申请了第一个“机械狗”（boston dynamics big dog）智能军用机器人专利。

2. 国内发展历程

我国的工业机器人发展历程不同于国外，起步相对较晚，大致可分为4个阶段。

（1）理论研究阶段（20世纪70年代到80年代初） 由于当时国家经济条件等因素的制约，我国主要从事工业机器人基础理论的研究，在机器人机构学等方面取得了一定的进展，为后续工业机器人的研究奠定了基础。

（2）样机研发阶段（20世纪80年代中后期） 随着工业发达国家开始大量应用和普及工业机器人，我国的工业机器人研究得到政府的重视和支持，国家组织了对工业机器人需求行业的调研，投入大量的资金开展工业机器人研究，行业进入了样机开发阶段。

（3）示范应用阶段（20世纪90年代） 我国在这一阶段研制出平面关节型统配机器人、直角坐标机器人、弧焊机器人和点焊机器人等7种工业机器人系列产品，102种特种机器人，实施了百余项机器人应用工程。为了促进国产机器人的产业化，在20世纪90年代末，我国建立了9个机器人产业化基地和7个科研基地。

（4）初步产业化阶段（21世纪）《国家中长期科学和技术发展规划纲要（2006—2020年）》突出增强自主创新能力这一条主线，着力营造有利于自主创新的政策环境，加快促进企业成为创新主体，大力倡导“企业为主体，产学研紧密结合”。国内一大批企业或自主研制或与科研院所合作，加入工业机器人研制和生产行列，我国工业机器人行业进入初步产业化阶段。

二、工业机器人的定义

虽然工业机器人在技术上是最成熟、应用最广泛的机器人，但关于机器人的具体定义，科学界尚未统一，目前公认的是国际标准化组织（ISO）的定义。

国际标准化组织对工业机器人的定义为：工业机器人是一种能自动控制、可重复编程、多功能、多自由度的操作机，能够搬运材料、工件或者操持工具来完成各种作业。

我国国家标准（GB/T 12643—2013）将工业机器人定义为：自动控制的、可重复编程的、多用途的操作机，并可对3个或3个以上的轴进行编程，它可以是固定式或移动式，在工业自动化中使用。

做一做

（1）分析和归纳工业机器人在国内、国外发展历程的区别和特点。

（2）谈谈自己对工业机器人定义的理解。

任务二　工业机器人的分类及特点认知

工作任务

掌握工业机器人的分类、特点等知识，为学习后面的知识奠定基础。

相关知识

工业机器人的分类方法有很多，一般按照结构特征、操作机坐标形式、程序输入方式、运动控制方式、驱动方式和应用领域六个方面进行分类。

一、工业机器人的分类

1. 按结构特征分类

（1）直角坐标机器人　直角坐标机器人在空间上具有多个相互垂直的移动轴，常用的是3轴，即x、y、z轴，其末端的空间位置通过沿x、y、z轴来回移动形成，是一个长方体，如图1-2所示。

（2）柱面坐标机器人　柱面坐标机器人的运动空间位置由基座回转、水平移动和竖直移动形成，其作业空间呈圆柱体形状，如图1-3所示。

（3）球面坐标机器人　球面坐标机器人主要由回转基座、摆动轴和平移轴构成，具有2个转动自由度和1个移动自由度，其作业空间是球面的一部分，如图1-4所示。

（4）多关节机器人　多关节机器人由多个回转和摆动（或移动）机构组成。按旋转方向可分为水平多关节机器人和垂直多关节机器人。

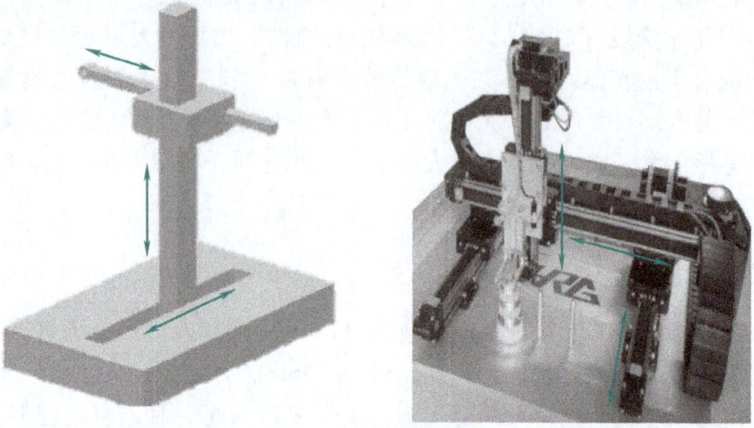

图 1-2　直角坐标机器人

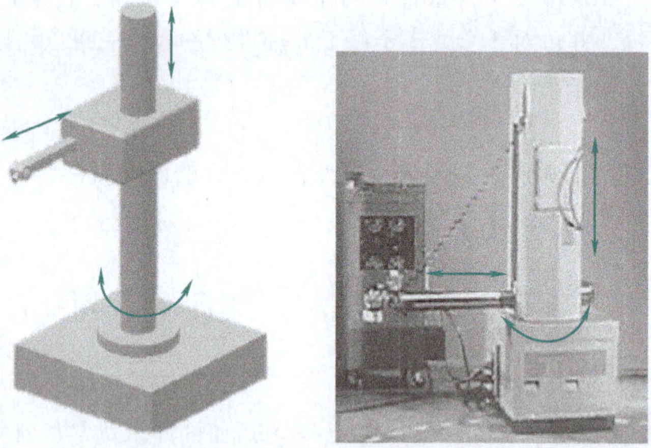

图 1-3　柱面坐标机器人

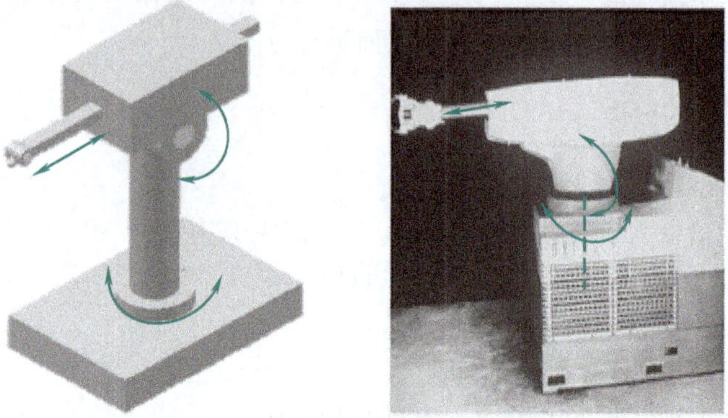

图 1-4　球面坐标机器人

水平多关节机器人由多个竖直回转机构构成，它的大臂和小臂类似人的手臂，可以在有限的空间中进行作业。水平多关节机器人的大臂和小臂都在水平面内转动，其作业空间为圆柱体形状，主要针对水平面上的工件进行平移、装配等，动作速度非常快，如图 1-5 所示。

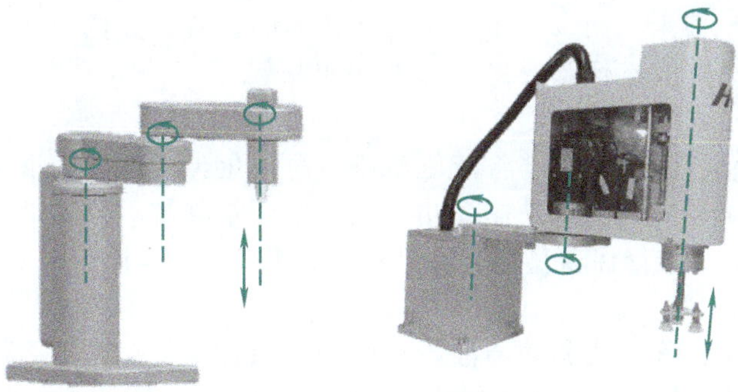

图 1-5 水平多关节机器人

垂直多关节机器人由多个摆动和回转机构组成，其作业空间近似于一个球形，可以在空间内各个面之间相互转换来进行作业，能适应各种复杂的工况。它的动作相对水平多关节机器人会稍慢一些，如图 1-6 所示。

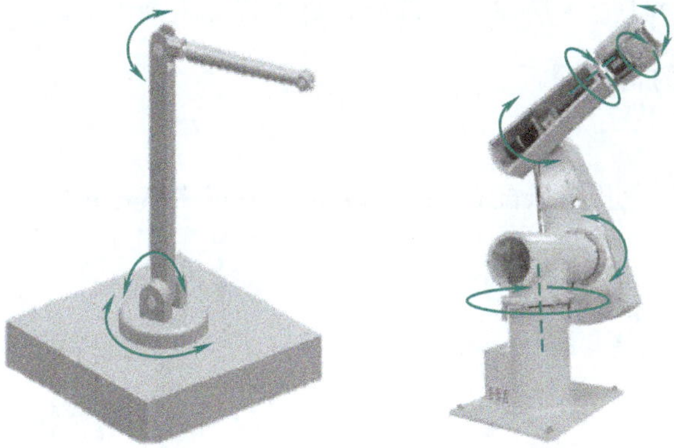

图 1-6 垂直多关节机器人

（5）并联机器人 并联机器人的基座和末端执行器之间通过至少两个独立的运动链相连接，机构具有两个或两个以上自由度，是以并联方式驱动的一种闭环机构。工业中应用最广泛的并联机器人是 DELTA 并联机器人，如图 1-7 所示。

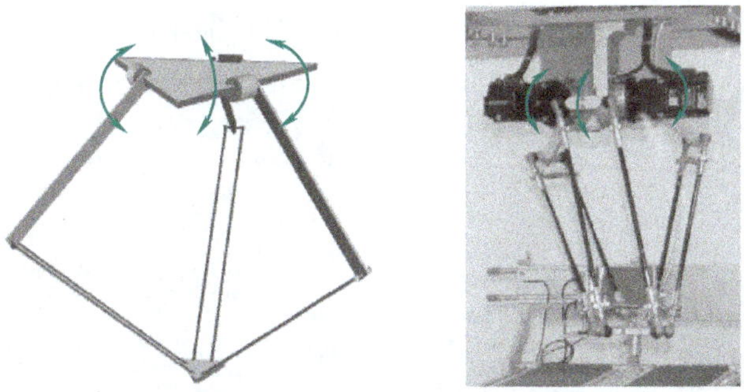

图 1-7 并联机器人

2. 按运动控制方式分类

（1）非伺服机器人 非伺服机器人按照预先编好的程序进行工作，使用限位开关、制动器、插销板和定序器等来控制机器人的运动。

（2）伺服控制机器人　伺服控制系统是使物体的位置、方位和状态等输出被控量能够跟随输入目标（或给定值）任意变化的自动控制系统。

3. 按驱动方式分类

（1）液压式驱动　液压式驱动将液压油压力能转化为液压缸的推进运动或液压马达的旋转运动。这种驱动方式的优点是驱动功率大、定位精度高、低速性能好；缺点是成本较高、操作可靠性较差、维修保养复杂、易泄漏。液压式驱动常用于需要大功率驱动和对移动性能要求不高的手爪中。

（2）气动式驱动　气动式驱动与液压式驱动的原理类似，其动力源为压缩空气。这种驱动方式的优点是结构简单，响应速度快，动力来源方便、廉价，控制简单；缺点是速度不易控制、驱动力较小、噪声较大、精度低。气动式驱动常用于对精度要求不高的箱式搬运类手爪结构中。

（3）电气式驱动　电气式驱动主要有直线电动机驱动和步进电动机驱动两种形式，不需要转换机构。直线电动机驱动的特点是结构简单、行程长、速度快，但其成本高；步进电动机驱动的特点是功率小，控制简单、准确，抗干扰能力强。

二、工业机器人的特点

1. 拟人化

在机械结构上，工业机器人配备类似于人的手臂或者其他组织结构，如图 1-8 所示。

图 1-8　拟人化工业机器人

2. 通用性

工业机器人可执行不同的作业任务，动作程序可按需求改变，如图 1-9 所示。

图 1-9　通用性工业机器人

3. 独立性

完整的工业机器人系统在工作中可以不依赖于人的干预，如图 1-10 所示。

图 1-10 独立性工业机器人

4. 智能性

工业机器人具有不同的智能功能，如感知系统可提高工业机器人对周围环境的自适应能力，如图 1-11 所示。

图 1-11 智能性工业机器人

做一做

结合任务二，谈谈工业机器人的分类及特点。

任务三 工业机器人的主要生产商认知

工作任务

以了解工业机器人国内外主要生产商的发展历史为切入点，进而掌握国内与国外机器人研究和应用的新进展，以及工业机器人各大生产商的市场份额与技术特点。

相关知识

一、国外工业机器人生产商

占据较大市场份额的工业机器人生产商主要有四家，分别是 ABB、库卡（KUKA）、发那科（FANUC）和安川（YASKAWA），如图 1-12 所示。

瑞士	ABB	ABB
德国	库卡	KUKA
日本	安川	YASKAWA
日本	发那科	FANUC

图 1-12 国外工业机器人主要生产商

1. ABB

ABB 公司总部位于瑞士苏黎世，是世界上最大的机器人生产商。ABB 由两个百余年历史的国际性企业合并而成，分别为瑞典的阿西亚公司（ASEA）和瑞士的布朗勃法瑞公司（BBC Brown Boveri），专长于电机、能源和自动化等领域，在全球一百多国设有分公司或办事处。

ABB 是机器人技术的开拓者和领导者，早在 1974 年就发明了世界上第一台工业机器人 IRB6，主要应用于工件取放和物料搬运，1975 年生产出第一台焊接机器人，1980 年兼并 Trallfa 喷涂机器人公司后，其机器人产品趋于完备。ABB 拥有当今最多种类的机器人产品、技术和服务。

ABB 机器人的核心技术是运动控制系统，这也是对于机器人来说最大的难点。拥有运动控制技术的 ABB 机器人可以轻易满足循径精度、运动速度、周期时间以及可程序设计等要求，可大幅度提高生产的质量、效率及可靠性。

ABB 公司一直强调机器人本身的柔性化和在各方面的整体性，ABB 机器人在单方面来说不一定是最好的，但就整体性来说是很突出的。ABB 公司在重视品质的同时也讲究机器人的设计，但配备高标准控制系统的 ABB 机器人一般价格较高。

2. 库卡（KUKA）

库卡公司是世界上顶级工业机器人生产商之一，总部设在德国奥格斯堡。库卡公司最早于 1898 年由 Johann Josef Keller 和 Jakob Knappich 创立。1973 年，公司研发了名为 FAMULUS 的第一台工业机器人。库卡为纯工业机器人公司，业务包括工业机器人和系统集成，其生产的机器人广泛应用在汽车制造领域，但在其他工业领域的运用也越来越多，如物流、食品、建筑、玻璃制造、木材、金属加工及石材加工等行业。作为世界领先的工业机器人生产商之一以及机器人领域的科技先锋，库卡公司在业界被誉为“创新发动机”。

库卡机器人的外观设计获得了红点奖。它采用全铝结构，强度高、负载大，已经有了负载达 1000kg 的机器人。库卡机器人是可实现 6 个轴快速电子校正的机器人，可以在 1min 内校正 6 个轴的零点位置，不仅方便、快速，更重要的是能够保证精度。库卡机器人是防撞、安全的机器人，它可以感知外部力矩的变化，通过电流变化判断撞击，可在瞬间停止动作，既保护到机器人本体，也保护到周围的人不受伤害。

顶端轴也就是 6 轴可以转动 370°，大部分机器人 6 轴转动范围小于 360°，也就是一圈，有这多处的 10°转动量，进行焊接时就可以做到无死角运动，可以大大提高焊接质量和效率。库卡机器人全系列可以倒装，也就是顶部吊装，使工作范围更大。它采用个人计算机控制平台，上手容易，通信功能更强。库卡机器人的控制器采用无垢通风措施，非常适合在高污染、高灰尘的环境中工作，故障率低、维修快，独有的完全开放 IO 端口使用户可以随意连接输入/输出信号，或与其他设备做通信连接，这是其他机器人做不到的。

3. 发那科（FANUC）

日本是工业机器人制造的主要国家之一，其代表厂家有发那科、安川、川崎、松下和不二越等国际知名公司。

发那科公司是世界上著名的机器人生产商之一，也是专门研究数控系统的公司，成立于 1956 年，是世界上最大的专业数控系统生产商，占据了全球 70%的市场份额。发那科公司于 1959 年首先推出了电液步进电动机，在后来的若干年中逐步发展并完善了以硬件为主的开环数控系统。20 世纪 70 年代，微电子技术、功率电子技术，尤其是计算技术得到了飞速发展，发那科公司毅然舍弃了使其发家的电液步进电动机数控产品，从 GETTES 公司引进直流伺服电动机制造技术。

自 1974 年发那科公司的首台机器人问世，发那科公司开始致力于机器人技术上的创新，它是世界上唯一一家由机器人来制造机器人的公司，还是世界上唯一提供集成视觉系统的公司，也是世界上唯一一家既提供智能机器人又提供智能机器的公司。发那科公司的机器人产品系列多达 240 种，负重从 0.5kg 到 1.35t，广泛应用于装配、搬运、焊接、铸造、喷涂和码垛等行业，可以满足客户的不同需求。

发那科公司的主要业务分为两部分：工业机器人和工厂自动化。发那科公司将数控系统的优势应用于工业机器人产品上，使工业机器人精度很高，与其他品牌的机器人相比，发那科工业机器人的独特之处在于工艺控制更加便捷，比同类型机器人底座尺寸更小，具备独有的手臂设计。

发那科工业机器人的稳定性还有提高空间，适用于轻负载和高精度的应用场合。

4. 安川（YASKAWA）

安川公司于 1977 年研制出第一台全自动工业机器人，其核心产品有点焊和弧焊机器人、油漆和处理机器人、LCD 玻璃板传输机器人以及半导体晶片传输机器人等。安川公司是将工业机器人应用于半导体领域最早的生产商之一。

安川公司是从电机开始做起的，由于它可以把电机的惯量做到最大化，所以安川机器人最大的特点就是负载大、稳定性高，在负载、满速度运行的过程中不会报警，甚至能够过载运行。

二、国内工业机器人生产商

我国工业机器人起步虽然较晚，但增长势头非常强劲，涌现出一批工业机器人生产商，如图 1-13 所示。

图 1-13 国内工业机器人主要生产商

1. 新松（SIASUN）

新松机器人自动化股份有限公司（以下简称新松公司）成立于 2000 年，隶属中国科学院，是一家以机器人技术为核心的高科技公司。新松公司作为国家机器人产业化基地，拥有完整的机器人产品线及工业 4.0 整体解决方案。新松公司的机器人产品线涵盖工业机器人、协作机器人、移动机器人、特种机器人和医疗服务机器人五大系列、百余种产品，其中工业机器人产品填补了国内多项产业空白，创造了中国机器人产业化发展史上的多项第一，洁净（真空）机器人多次打破国外的垄断与封锁，大量替代进口；移动机器人具有综合竞争优势，在国际上处于领先水平，被美国通用等众多国际知名企业列为重点采购产品；特种机器人在国防等重要领域得到了批量应用。

2. 埃夫特（EFORT）

埃夫特智能装备股份有限公司成立于2007年8月，是一家专门从事工业机器人、大型物流储运设备及非标自动化生产设备设计制造的高新技术企业，还是中国机器人产业联盟副主席单位，也是中国制造百强企业、中国工业机器人行业第一梯队企业，以及目前国家机器人产业集聚区内的核心企业。

埃夫特公司继成功收购智能喷涂机器人和智能喷涂解决方案提供商意大利CMA、智能抛光打磨及金属加工解决方案提供商意大利EVOLUT和投资运动控制系统提供商意大利ROBOX之后，又成功收购了汽车行业柔性焊装系统提供商意大利W. F. C集团。

通过引进和吸收全球工业自动化领域的先进技术和经验，埃夫特已经形成从机器人核心零部件到机器人整机，再到机器人高端系统集成领域的全产业链协同发展格局。

埃夫特在工业机器人和跨行业智能制造解决方案领域有多年的经验积累，在汽车行业柔性焊装系统、通用行业智能喷涂系统、智能抛光打磨，以及金属加工系统等领域可为合作伙伴提供“交钥匙”式整体解决方案。埃夫特的机器人产品及跨行业智能制造解决方案已经赋能于汽车及零部件、3C电子、家电、轨道交通、航空航天、工程机械、光伏、铸造、卫浴陶瓷、家具木器等产业，并出口到欧洲、亚洲、非洲等多个国家和地区。

3. 广州数控（GSK）

广州数控设备有限公司（以下简称广州数控）位于中国南方数控产业基地，是国内领先的专业成套机床数控系统供应商。广州数控的主营业务包括数控系统、伺服驱动、工业机器人、精密数控注塑机生产，伺服电动机研发、机床数控化工程研发及数控高级技能人才培训。

广州数控机器人的产品负载覆盖了3~400kg，自由度有3~6个。广州数控的6轴机器人目前已得到市场认可，其应用领域包括搬运、机床上下料、焊接、码垛、涂胶和打磨抛光等，涉及数控机床、五金机械、电子、家电及建材等行业。

做一做

（1）简述国内工业机器人主要生产商的技术特点。

（2）简述你对当前世界上占据较大市场份额的机器人生产商ABB、库卡（KUKA）、发那科（FANUC）和安川（YASKAWA）的了解。

任务四　工业机器人的发展前景认知

工作任务

工业机器人产业发展迅速，要把握产业动态，及时制订正确的发展路线，大力培养高精技术人才。本任务介绍了工业机器人的工艺流程及发展状态，明晰工业机器人技术的专业特性及对人才需求的重要性，以此推动工业机器人产业的发展，进一步带动整个行业的快速发展。

相关知识

一、工业机器人工艺流程的重要性

工业机器人属于自动控制系统的范畴，是机器人学科的一个重要分支，也是多种技术的合成产物。它包含机械化、数字化、电子化、自动化、计算机和人工智能等内容，实际应用范围较广，如工业机器人已成为大型制造领域不可或缺的部分，在很多自动化工业和柔性制造系统中应用广泛。

一般工业机器人主要由机械构件、内控驱动器、电动机模块和人机交互界面等构成。在操作过程中，把不同的结构部件及控制部分有机地连接成一个闭合的信息传输设备，操作者只需在交互界面上对设备发出指令，就可驱动不同模块的机械部件工作。

工业机器人生产虽然在很大程度上提高了生产率，节约了人力资源，但是现阶段将工业机器人投入生产还是存在各种技术上的问题。

1）由于操作人员的工位分配存在问题，造成工作人员的工作速度赶不上机器人的工作速度，进而会对整个的生产过程造成不利的影响，降低生产线的经济效益。

2）由于生产节拍的步骤存在不科学的地方，造成工业机器人在生产过程中出现故障，进而影响整个生产线的生产率。

3）对工业机器人技术参数的选择存在偏差会对加工产品的质量造成一定的影响。

综上，工艺流程的优化设计和设备的选型正确，是未来提高工业机器人普及率及应用质量的重要保障。

二、工业机器人技术的专业特性及人才需求

随着我国工业机器人产业的快速发展，许多高职院校都建立了综合性的工业机器人实训室，以满足高素质复合型人才培养的需要，大量的高素质人才可以通过教学和实训成为企业技术人员，为区域经济发展培养急需的专业技术人才，避免未来本专业领域的人才短缺。同时，要将实训室建设成为实验教学体系合理、开放、共享、特色鲜明、以培养高素质人才为目标的重要平台。研究发现，工业机器人技术专业具有良好的市场就业前景，涉及电子、计算机和机电一体化等技术。

积极推进专任教师互评互教的教学模式改革。高等职业院校应在相关教师队伍建设和课程体系建设方面积极推进项目化教学和任务型技能培养模式的改革，加大教材建设、社会服务能力建设等方面的投入。在培训条件建设方面，可通过讲师评比和校外培训来提高现有教师的水平。鼓励相关专业教师改革课程体系，实施以企业用人需求为中心的人才培养模式改革，明确相关科研课题，加强专业核心课程体系建设。以培养学生专业核心课程实践技能为核心，与企业合作编制本专业技术的培训方案。

构建合理有效的工业机器人技术人才培养模式。针对机械制造业、汽车制造业和机器人行业的相关企业进行调查，加强课程体系建设、实训室建设、师资队伍建设。对通过企业调研获得的数据进行系统分析为高等职业院校毕业学生拓展机器人制造企业与系统集成商实践平台机构资源，完善学生的实践能力。在劳动力短缺和工业升级的背景下，学生掌握了工业

机器人的应用、操作、维护、调试、故障排除、系统集成等技术将拥有更多就业选择，因此这个专业具有较强的职业研发潜力，也是未来高等职业院校在专业课程研发及完善人才培养模式方面的主要发展方向。

构建“校企合作”的双轮驱动人才培养模式。工业机器人技术专业涉及的知识面广，教学条件和师资力量相对薄弱，建立“校企合作”的双轮驱动人才培养模式有助于实现校企一体化工作与学习的有机结合，形成有特色的专业培训方案。校企双方应共同培养工业机器人技术专业的学生，共同制订人才培养方案，并嵌入对未来员工的培训；采取“两轮驱动”人才培养模式，根据企业的岗位要求，引入企业构架、企业实践规范标准，教师可以到合作企业进行短期教学实践，定时邀请企业技术专家参加专业技术讲座。

三、工业机器人的职业发展前景

机器人作为技术集成度高、应用环境复杂、操作维护较为专业的高端装备，有着多层次的人才需求。近年来，国内企业和科研机构加大了机器人技术研究与本体研制方向的人才引进与培养力度，在硬件基础与技术水平上取得了显著提升，但现场调试、维护操作与运行管理等应用型人才的培养力度依然有所欠缺。预计，未来对工业机器人系统操作员的人才需求量将达到125万左右。

工业机器人系统操作员作为新的职业，越来越受到人们的关注。工业机器人不仅能提高生产率与产品质量，还能减少人工成本，因此工业机器人在企业中的普及率也会不断提高，进而需要更多的专业技术人员来操作和运维。我国作为连续五年全球工业机器人销量最多的国家，每年需要大量的工业机器人“上线”，工业机器人已经越来越广泛地应用在制造业的各个角落，而掌握工业机器人操作、维护、调试、故障排除及系统集成等技术的工程师需求量会越来越大。其中，工业机器人系统操作员的缺口最为突出。

工业机器人系统操作员具有广阔的职业发展前景。我国机器人应用人才存在巨大缺口，工业机器人操作工作是应用环节的关键一环，这类岗位人才需求巨大。由于机器人工程师的需求量较大，且对专业性的要求较高，所以工业机器人从业人员在薪资方面也得到了较大的提升。工业机器人行业的快速发展给从业者、创业者都带来了更多机会。

基于数字产业化和产业数字化两个维度应运而生的机器人工程技术等职业，正是当下大学生较为关注的新兴职业。教育部全国大学生就业指委委员、国务院国资委机械工业经济管理研究院协同创新中心主任宋嘉在接受《证券日报》记者采访时表示，机器人工程技术等岗位人才稀缺，代表着机器人行业产业链、价值链正在快速融合。教育部门将侧重培养综合型人才，鼓励校企联合开展产学合作协同育人项目。

事实上，机器人领域缺工现象早已显现，相关工程技术等专业人才更为紧俏。据人社部发布的2022年第二季度全国招聘大于求职“最缺工”的100个职业排行显示，制造业持续缺工，尤其是计算机网络工程技术人员和工业机器人系统操作员等缺工程度加大。其中，工业机器人系统操作员的缺口更为突出。数据显示，仅中国人工智能机器人行业的人才缺口就高达500万（人），复合型人才和高层级人才更为稀缺。

做一做

简述你对工业机器人发展前景有哪些见解。

项目考核

项目一考核表

考核项目		分值	自评	备注
信息收集	信息收集方法	5		
	信息收集情况	5		
	团队合作	10		
项目实施	工业机器人的定义	20		
	工业机器人的分类及显著特点	20		
	工业机器人的主要生产商	20		
	工业机器人的发展前景	20		
小计		100		

其他考核

考核人员	分值	评分	存在的问题	解决办法
（指导）教师评价	100			
小组互评	100			
自评成绩	100			
总评	100		总评分成绩 =（指导）教师评价 ×35% + 小组互评 ×25% + 自评成绩 ×40%	

项目小结

本项目主要介绍了机器人基础知识与发展情况。由于工业机器人产业的飞速发展，需要我们时刻把握产业动态，及时制订正确的发展路线，并不断地培养高精技术人才。通过对国内外工业机器人行业的现状及发展趋势的剖析，明晰工业机器人技术的专业特性及对人才需求的重要性，以未来机器人技术为主要研究对象，适时加入前瞻性思想与理念，从而推动工业机器人产业的发展。

练习题

一、填空题

1. 世界上第一台工业机器人诞生于________年。

2. 我国的工业机器人发展历程具有不同于国外的特点，起步相对较晚，大致可分为 4 个阶段：________、________、________和________。

3. 我国在工业机器人示范应用阶段研制出________、________、________和点焊机器人等 7 种工业机器人系列产品。

4. 按结构特征形式分类，机器人分为________、________、________、多关节机器人和并联机器人五种类型。

5. 国际标准化组织对工业机器人的定义为：工业机器人是一种能________、________、________、多自由度的操作机，能够搬运材料、工件或者操持工具来完成各种作业。

6. 多关节机器人由多个________和________机构组成。

7. 非伺服机器人按照预先编好的程序顺序进行工作，使用________、________和

________等来控制机器人的运动。

8. 工业机器人的显著特点有________、________、________和________。

9. 当前世界上占据较大市场份额的机器人生产商主要有四家，分别是________、库卡（KUKA）、________和安川（YASKAWA）。

10. 一般工业机器人主要由________、________、________和________等构成。

二、选择题

1. 工业机器人按运动控制方式可分为液压式驱动、气动式驱动和（　　）。

A. 多关节式　　B. 电气式驱动　　C. 伺服控制式　　D. 直角坐标式

2. “机器人”一词来源于（　　）。

A. 1942 年，乔治 · 德沃尔　　B. 1959 年，约瑟夫 · 恩格尔伯格

C. 1920 年，捷克作家卡雷尔 · 凯佩克　　D. 1930 年，捷克作家卡雷尔 · 凯佩克

3. 在当代机器人大军中，技术上最成熟、应用最广泛的机器人为（　　）。

A. 工业机器人　　B. 军用机器人　　C. 服务机器人　　D. 特种机器人

4. （　　）是中国机器人产业联盟副主席单位，也是中国制造百强企业、中国工业机器人行业第一梯队企业，还是目前国家机器人产业集聚区内的核心企业。

A. 库卡　　B. 新松　　C. 埃夫特　　D. 广州数控

5. 下列哪个特点反映了工业机器人的拟人化？（　　）

A. 在机械结构上配备类似于人的手臂或者其他组织结构

B. 可执行不同的作业任务，动作程序可按需求改变

C. 完整的工业机器人系统在工作中可以不依赖于人的干预

D. 具有不同的智能功能，如感知系统可提高工业机器人对周围环境的自适应能力

6. 工业机器人最显著的特点有（　　）。

A. 拟人化、通用性、独立性、智能性

B. 智能性、多样性、安全性、美观性

C. 独特性、通用性、拟人化、普遍性

D. 智能性、机械性、通用性、独特性

7. 气动式驱动与液压式驱动的原理类似，其动力源为（　　）。

A. 电源　　B. 压力油　　C. 太阳能　　D. 压缩空气

8. 1974 年就发明了世界上第一台工业机器人 IRB6 的公司是（　　）。

A. 库卡（KUKA）　　B. ABB

C. 发那科（FANUC）　　D. 安川（YASKAWA）

9. 下列选项中哪个是球面坐标机器人？（　　）

A. 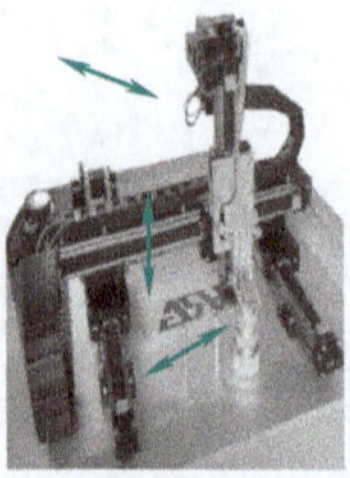　B. 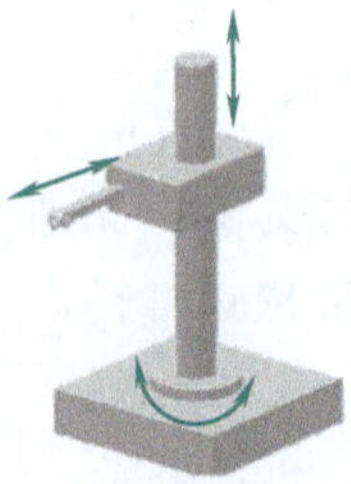　C. 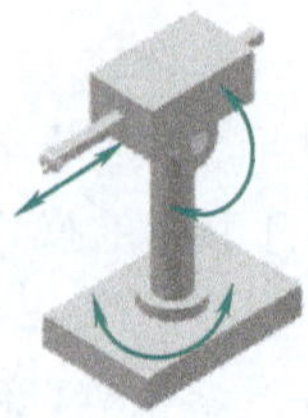　D. 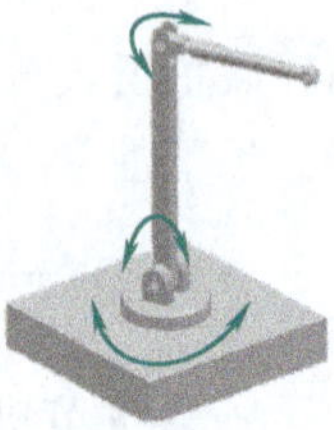

10. 下列对工业机器人的描述哪些是错误的？（　　）

A. 工业机器人已成为大型制造领域中不可或缺的部分，在很多自动化工业和柔性制造系统中得到了广泛应用。

B. 工艺流程的优化设计、设备的选型正确，是未来提高工业机器人普及率及应用质量的重要保障。

C. 工业机器人的出现，不仅能提高生产率与品质，还能减少人工成本，因此工业机器人在企业中的普及率也会不断提高。

D. 工业机器人行业的快速发展给从业者、创业者带来了很多技术瓶颈。

三、判断题

1. 工业机器人“四大家族”分别为库卡、ABB、埃夫特和新松。(　　)

2. 我国国家标准对工业机器人的定义为：“工业机器人是一种能自动控制、可重复编程、多功能、多自由度的操作机，能够搬运材料、工件或者操持工具来完成各种作业。”(　　)

3. 工业机器人已成为大型制造领域中不可或缺的部分，在很多自动化工业和柔性制造系统中得到了广泛应用。(　　)

4. 球面坐标机器人的空间位置机构主要由回转基座、摆动轴和平移轴构成，具有 3 个转动自由度和 2 个移动自由度，其作业空间是球面的一部分。(　　)

5. 工业机器人按运动控制方式分为伺服机器人和非伺服机器人。(　　)

四、简答题

1. 简述我国国家标准对工业机器人的定义。

2. 简述我国工业机器人发展的四大历程及特点。

3. 简述工业机器人的分类。

4. 总结国内工业机器人生产商的技术特点。

5. 工业机器人按运动控制方式可分为哪几类？各有什么特点？

ROBOT

项目二 机器视觉技术应用

项目导读

工业机器人是面向工业领域的多关节机械手或多自由度机器人，在自动执行工作任务过程中，需要机器人能够发挥识别、分析、处理等更高级功能，这就需要为工业机器人安装一双“火眼金睛”来替代人眼做测量和判断，机器视觉相当于为工业机器人装上了一双“眼睛”，让它能够清晰地看到物体，发挥人眼检查和检测的功能。工业机器人与机器视觉技术结合，能引导工业机器人能完成更精准的组装、焊接、处理及搬运等工作，这在高度自动化的大规模生产中非常重要。同时，机器视觉也为工业机器人产业的升级带来新活力，越来越多地被应用在非接触检测和测量场景中，成为工业机器人的重要组成部分，其发展空间必将更加广阔，势必会成为引导更高、更快、更稳定的自动化工业时代的“慧眼”。

项目学习目标

知识目标	能力目标	素养目标
1. 了解机器视觉技术及其发展趋势 2. 掌握机器视觉系统的结构组成 3. 分析并掌握图像获取的原理和过程 4. 掌握视觉处理的过程及方法	1. 通过分析机器视觉系统的特点，培养学生分析与解决问题的能力 2. 通过对机器视觉技术工作原理的学习，增强学生的思辨能力 3. 在学习机器视觉技术基本知识时，强化学生的自主探究及自学能力	1. 在小组合作学习过程中，培养学生的团队协作意识 2. 培养学生严谨求实、精益求精的工匠精神

项目实施

本项目以机器视觉系统的基本知识和原理为导向，重点介绍机器视觉技术的发展趋势、系统组成、传感器的工作原理及视觉处理过程。

任务一 机器视觉技术概述

工作任务

机器视觉是用机器来代替人眼做测量和判断的系统，它通过光学装置和非接触传感器自动获取目标对象的图像，并由图像处理设备根据所得图像的像素分布、亮度和颜色等信息进行各种运算处理和判别分析，以提取所需的特征信息或根据判别分析结果对某些现场设备进行运动控制。机器视觉系统中的图像处理设备一般都采用计算机，所以机器视觉有时也称为计算机视觉。本工作任务主要围绕机器视觉技术的发展方向、机器视觉系统的结构组成开展，为学习后续任务做引导和铺垫。

机器视觉系统的特点是可提高生产的柔性和自动化程度，在一些不适合人工作业的危险工作环境或人工视觉难以满足要求的场合，常用机器视觉来替代人工视觉。在大批大量工业生产过程中，用人工视觉检查产品质量效率低且精度不高，用机器视觉检测方法可以大幅提高生产率和自动化程度。而且机器视觉易于实现信息集成，是实现计算机集成制造的基础技术之一。

相关知识

机器视觉技术的引入使工业机器人朝着更加智能化和柔性化的方向发展，节省了成本，提高了生产率。国外已经针对基于视觉技术的工业机器人进行了多年的研究工作，视觉技术也逐渐从实验室走向实际应用，并已经广泛应用于电子电器、航天和汽车等工业领域。

图 2-1 所示为工业机器人视觉分拣。以并联机器人和工业相机为基础，可搭建基于视觉定位技术的机器人视觉分析系统，其基本组成如图 2-2 所示。工作过程中，传送带上随机散落着多种物料，程序会判断相机视野内是否有待分拣的物料，当物料运行到相机视野范围内时，机器人控制系统采用等时间间隔的触发方式触发工业相机进行拍照，采集分拣对象的位姿信息，计算机通过一定的处理算法对物料进行识别、计算，获取分拣对象的分类信息、坐标信息和姿态信息后，以一定的数据格式传递给机器人控制系统，机器人控制系统根据视觉系统传回的信息控制机器人末端执行机构在合适的动作区域内进行跟踪和抓取操作，将不同种类的物料分别放置到指定的位置，完成一次视觉检测引导机器人抓取的动作。

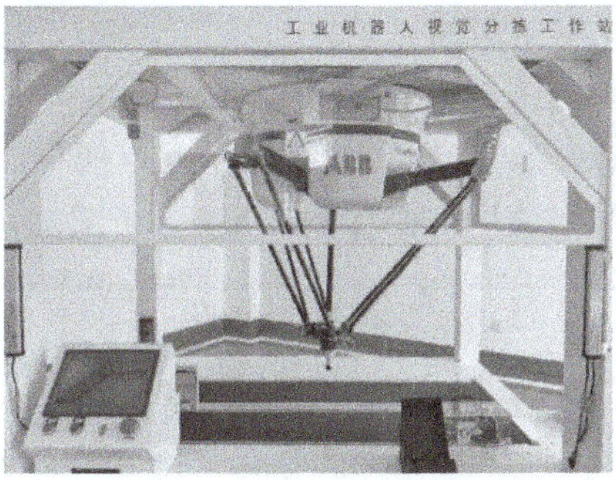

图 2-1 工业机器人视觉分拣

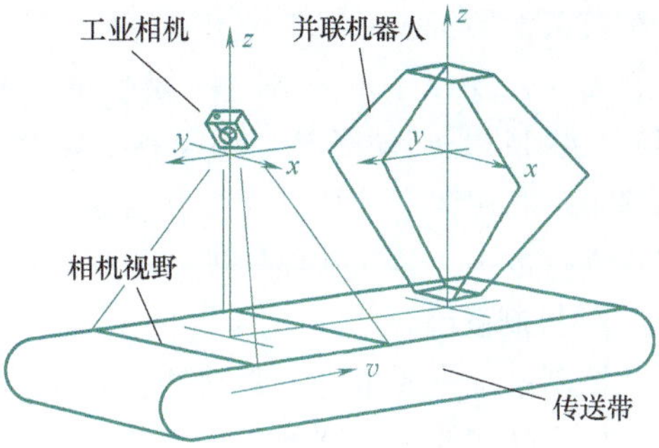

图 2-2 视觉分析系统组成

一、机器视觉技术及其发展

机器视觉技术是计算机视觉理论在具体问题中的应用。20 世界 70 年代，Darid Mar 提出了视觉计算理论。该理论从信息处理的角度系统概括了当时在解剖学、心理学、生理学和神经学等领域已取得的成果，明确了视觉研究体系。计算机视觉以视觉计算理论为基础，为视觉研究提供了统一的理论框架。由于实际中的视觉问题常常是具体的，包含丰富的先验知识，所以将计算机视觉理论应用于解决具体实际问题就产生了机器视觉。

机器视觉也称机器人视觉，指用机器代替人眼进行目标对象的识别、判断和测量，主要研究用计算机来模拟人的视觉功能。机器视觉技术涉及目标对象的图像获取技术、对图像信息的处理技术，以及对目标对象的测量和识别技术。机器视觉系统主要由视觉感知单元、图像信息处理与识别单元、结果显示单元及视觉系统控制单元组成。其中，视觉感知单元获取被测目标对象的图像信息，并传送给图像信息处理与识别单元；图像信息处理与识别单元对图像的灰度分布、亮度及颜色等信息进行各种运算处理，从中提取出目标对象的相关特征，完成对目标对象的测量、识别和 NG 判定，并将其判定结论提供给视觉系统控制单元；视觉系统控制单元根据判定结论控制现场设备，实现对目标对象进行相应的控制操作。一个典型的机器视觉系统涉及多个领域的技术交叉与融合，包括光源照明技术、光学成像技术、传感器技术、数字图像处理技术、模拟与数字视频技术、机械工程技术、控制技术、计算机软硬件技术及人机接口技术等。

20 世纪 80 年代以来，机器视觉一直是非常活跃的研究领域，并经历了从实验室走向实际应用的发展阶段，从简单的二值图像处理到高分辨率、多灰度的图像处理，以至彩色图像处理，从一般的二维信息处理到三维视觉模型和算法的研究都取得了很大进展。作为一种先进的检测技术，机器视觉技术已经在工业产品检测、自动化装配、机器人视觉导航、虚拟现实及无人驾驶等许多领域的智能测控系统中得到广泛应用。

二、机器视觉系统结构

机器视觉系统由获取图像信息的图像测量子系统与决策分类、跟踪对象的控制子系统两部分组成。图像测量子系统又可分为图像获取和图像处理两大部分。

1. 图像测量子系统

图像测量子系统包括相机、摄像系统和光源设备等，如观测微小细胞的显微图像摄像系统、考察地球表面的卫星多光谱扫描成像系统、在工业生产流水线上的工业机器人监控视觉系统及医学层析成像系统（CT）等。图像测量子系统使用的光波段包括可见光、红外线、X 射线、微波和超声波等，图像测量子系统获取的图像可以是静止图像（如文字、照片等），也可以是运动图像（如视频图像等）；既可以是二维图像，也可以是三维图像。图像处理是指利用数字计算机或其他高速、大规模集成数字硬件设备对从图像测量子系统获取的信息进行数字运算和处理，进而达到人们要求的效果。

2. 控制系统

控制系统主要由对象驱动和执行机构组成，它根据对图像信息处理的结果实施决策控制，如产品在线视觉监测系统就是一套通过对产品是否达到指标要求进行判定，通过分拣机、工业机器人等执行机构完成产品分类拣选、去向控制、目标跟踪和产品追溯等一系列动作，对其过程进行视觉检测和引导，进而实时跟踪控制的系统。

市场上的机器视觉系统按结构分为两大类：基于计算机的机器视觉系统和嵌入式机器视觉系统。基于计算机的机器视觉系统是传统的结构类型，硬件包括 CCD（电荷耦合器件）相机、视觉采集卡和计算机等，其缺点是价格贵，对工业环境的适应性较弱。嵌入式机器视觉系统将所需要的大部分硬件（如 CCD、内存、处理器及通信接口等）压缩在一个“黑箱”式的模块（又称智能相机）里，其优点是结构紧凑、性价比高、使用方便、对环境的适应性强，是机器视觉系统的发展趋势。

典型的机器视觉系统硬件结构（图 2-3）如下：

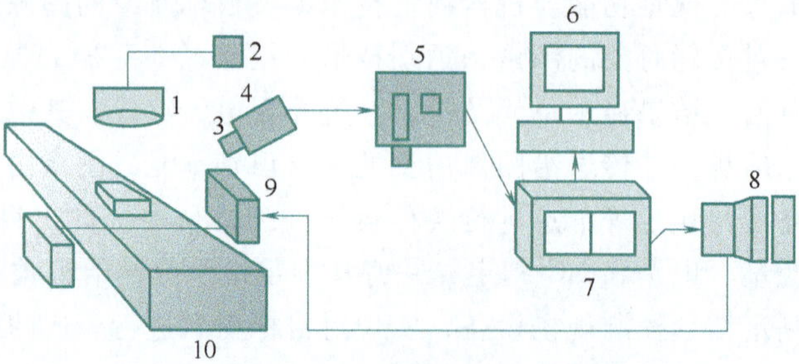

图 2-3 典型的机器视觉系统硬件结构

1—光源 2—光源电源 3—光学镜头 4—摄像机 5—图像采集卡 6—显示器 7—图像处理系统、计算机或嵌入式计算机 8—驱动单元 9—执行机构 10—测试台与被测对象

1）光源，分为前光源和后光源等。

2）光学镜头，完成光学聚焦或放大功能。

3）摄像机，分为模拟摄像机和数字摄像机。

4）图像采集卡，用于完成帧格式图像采集及数字化。

5）图像处理系统、计算机或嵌入式计算机。通常所谓的智能相机至少包括3）、4）、5）三个部分。

6）显示器，用于显示检测过程与结果。

7）驱动单元，用于控制执行机构的动作方式。

8）执行机构，执行目标动作。

9）测试台与被测对象。

10）光源电源。

在机器视觉系统中，好的光源与照明方案往往是整个系统成败的关键。光源与照明方案的配合应尽可能突出物体特征参量；在增加图像对比度的同时，应保证足够的整体亮度；物体位置的变化不应该影响成像的质量。光源的选择必须符合所需的几何形状、照明亮度、均匀度及发光的光谱特性等，同时还要考虑光源的发光效率和使用寿命。照明方案应充分考虑光源和光学镜头的相对位置、物体表面的纹理、物体的几何形状及背景等要素。用摄像机和图像采集卡共同完成对目标图像的采集与数字化，原因是高质量的图像信息是系统正确判断和决策的原始依据。在机器视觉系统中，CCD摄像机以其体积小巧、性能可靠、清晰度高等优点得到了广泛应用。视觉传感器的内容将在下一任务中讲述。

随着计算机技术、微电子技术和大规模集成电路技术的快速发展，为了提高系统的实时性，可以借助专用图像信号处理卡等硬件来完成一些成熟的图像处理算法，而软件则主要用来完成那些复杂的、尚需不断探索和改进的算法。

做一做

（1）什么是机器视觉？

（2）机器视觉技术涉及哪些技术环节？

任务二 图像获取

工作任务

本工作任务将针对图像获取的相关知识进行详细介绍，学生应掌握图像获取的原理和过程。

相关知识

为得到一个实际的物体图像，第一步是用一个适当的照明装置照射该物体，然后通过光学系统将该物体成像在视觉传感器上，视觉传感器输出的模拟视频信号经数字化处理形成一幅数字图像，并存入帧存储器中，供计算机或专用硬件构成的视觉处理器进一步处理和分析。图2-4所示为某焊接视觉设备实物图，该视觉系统采用前光源技术提供照明，相机中包含镜头及视觉传感器，用于拍摄图像并进行后续处理。

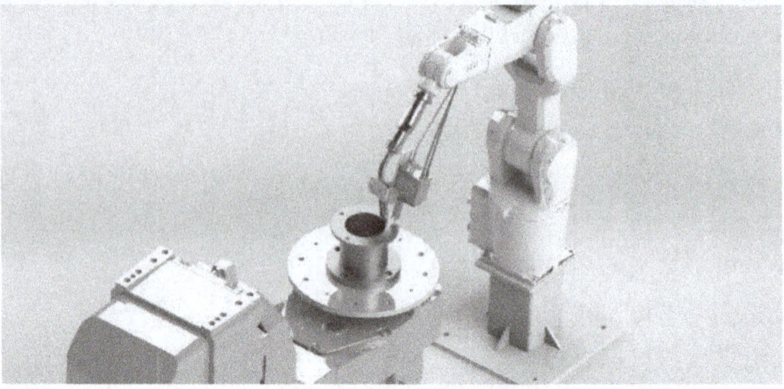

图 2-4　某焊接视觉设备实物图

一、镜头技术

镜头是集聚光线并使成像单元获得清晰影像的结构。镜头一般由光学系统和机械装置两部分组成，决定着拍摄的景物广阔程度和清晰度。按照焦距大小的不同，镜头可分为长焦镜头、标准镜头和广角镜头等。机器视觉行业通常将镜头分为宏镜头（macro lens）、定倍镜头（fixed-mag lens）、变焦镜头（zoom lens）、远心镜头（telecentric lens）、高精度或百万像素镜头（high resolution or million pixels lens）等。如 FANUC 2D 视觉系统使用的镜头型号为 SONY XC-56，该款镜头是定焦镜头，即焦距是固定的，还有 8mm、12mm 和 16mm 等型号，像素一般为 30 万像素。

普通的镜头用于测量系统中，物距常发生变化，从而使像高发生变化，那么测得的物体尺寸也发生变化，即产生了测量误差；即使物距是固定的，也会因敏感表面不易精确调整在像平面上而产生测量误差。

在实际视觉检测系统中，往往选用物方远心镜头。物方远心镜头可以消除位置不准带来的测量误差，且该镜头景深大、焦距固定，可获得平行光输出，因此它的畸变小，检测精度高。光学镜头目前有监控级和工业级两种，监控级光学镜头主要用于对图像质量要求不高、价格较低的应用场合；工业级光学镜头由于图像质量好、畸变小、价格高，主要应用于工业零件检测和科学研究等应用场合。

视场角和焦距是光学镜头最重要的技术参数，滤光镜的应用也是镜头技术的重要组成部分。

二、视觉传感器与摄像机

视觉传感器是将景物的光信号转换成电信号的器件。大多数机器视觉都不需要胶卷等媒介物，而是直接把景物摄入，即视觉传感器将所接收到的光学图像转换为计算机所能处理的电信号。通过对视觉传感器所获得的图像信号进行处理，可得出被测对象的特征量，如面积、长度和位置。视觉传感器具有从一整幅图像中捕获数以千计的像素的功能。图像的清晰和细腻程度通常用分辨率来衡量，以像素数量表示。在捕获图像之后，视觉传感器将其与内存中存储的基准图像进行比较，以做出分析与判断。典型的视觉传感器主要有 CCD（电荷耦合器件）图像传感器和 CMOS（互补金属氧化物半导体）图像传感器等固体视觉传感器。固体视觉传感器又可以分为一维线性传感器和二维线性传感器，其中二维线性传感器所捕获图像的分辨率可达4000像素以上。固体视觉传感器具有体积小、重量轻等优点，因此应用日趋广泛。

1. CCD 图像传感器与摄像机

CCD图像传感器是机器视觉系统最为常用的图像传感器。它集光电转换、电荷存储、电荷转移和信号读取功能于一体，是典型的固体成像器件。它存储由光或电激励产生的信号电荷，当对它施加特定时序的脉冲时，其存储的信号电荷便能在CCD图像传感器内定向传输。图2-5所示为CCD图像传感器原理图。

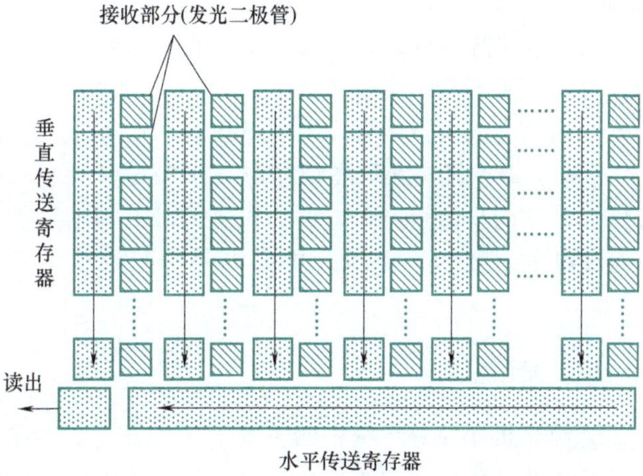

图 2-5 CCD 图像传感器原理图

CCD图像传感器内部P型硅衬底上有一层 SiO_2 绝缘层，其上排列着多个金属电极。在金属电极上加正电压，电极下面产生势阱，势阱的深度随电压变化。如果依次改变在电极上的电压，则势阱会随着电压的变化而移动，使注入势阱中的电荷发生转移。通过电荷的依次转移，将多个像素的信息分时、顺序地取出来。在CCD图像传感器中，电荷全部被转移到输出端，由一个放大器进行电压转变，形成电信号，然后被读取。传输电荷时，由于电荷是从不同的垂直传送寄存器中被传到水平传送寄存器中的，因此会有不同电压的电荷，这会产生更大的功耗。由于信号通过一个放大器进行放大，产生的噪声较小。同摄像管相比，CCD图像传感器具有尺寸小，工作电压低（DC 7~9V），使用寿命长，坚固、耐冲击，信息处理容易以及在弱光下灵敏度高等特点，因此广泛应用于工业检测和机器人视觉系统。CCD图像传感器主要有线型CCD图像传感器和面型CCD图像传感器两种类型。如基恩士公司的CV-5000系列视觉系统，其作为面型CCD图像传感器相机专用的高速型号，最多可使用4个500万像素的CCD图像传感器，并同时传输图像，因而最多可实现2000万像素的高精度检测。典型的CCD摄像机由光学镜头、视频处理电路、A/D转换电路和I/O接口组成，其工作原理如图2-6所示。被摄物体反射光线传播到光学镜头，经光学镜头聚焦到CCD芯片上，CCD芯片根据光的强弱聚集相应的电荷，经周期放电，产生表示一幅幅画面的电信号，经过视频处理电路、A/D转换电路处理，通过I/O接口输出标准的复合视频信号。

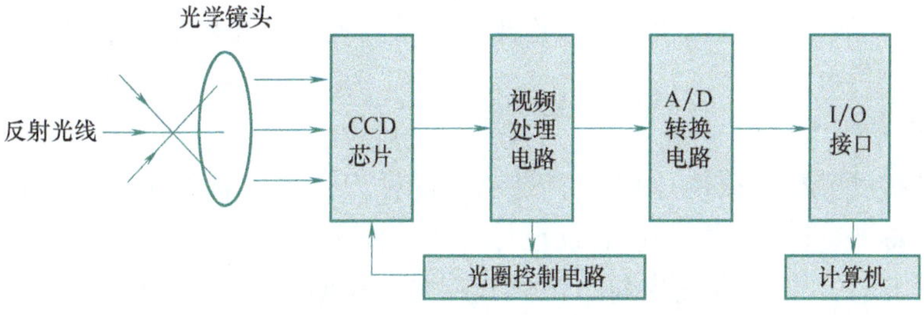

图 2-6 CCD 摄像机工作原理

2. CMOS 图像传感器与摄像机

CMOS 图像传感器由集成在一块芯片上的光敏元阵列、图像信号放大器、信号读取电路、A/D 转换电路、图像信号处理器及控制器构成，具有局部像素的编程随机访问功能。CMOS 图像传感器以其良好的集成性、低功耗、宽动态范围和输出图像几乎无拖影等特点而得到广泛应用。CMOS 的每个像素点有一个放大器，而且信号是直接在最原始的时候转换的，使读取更加方便。因其传输的是已经过转换的电压，所以所需的电压和功率更低。但是由于每个信号都有一个放大器，因此产生的噪声比较大。如基恩士公司的 LR-ZH 系列视觉系统，内部有放大器内置型 CMOS 激光传感器，其检测距离为 35～500mm，响应时间最低仅有 1.5ms。摄像机是获取图像的前端采集设备，它以面阵 CCD 或 CMOS 图像传感器为核心部件，外加同步信号产生电路、视频信号处理电路及电源等组合而成。它是机器视觉系统中不可或缺的重要组成部分。摄像机采集图像质量的好坏直接影响后期图像处理的速度与效果。

三、光源

光源是机器视觉系统中的关键组成部分之一，在机器视觉系统中十分重要。光源的主要功能是以合适的方式将光线投射到待测物体上，突出待测特征部分的对比度。合适的光源能够改善整个系统的分辨力，减轻后续图像处理的压力；不合适的光源会给机器视觉系统带来很多麻烦，如摄像机的花点和过度曝光会隐藏很多重要信息，阴影会引起边缘的误检，信噪比的降低以及不均匀的照明会增加图像处理阈值选择的困难。工业机器人使用的光源有环形光源、条形光源和线形光源等。东冠科技有限公司的 RIN 环形光源系列将高密度 LED 阵列置于伞状的结构中，在照明光源中央区域产生集中的强光，有白色、红色、蓝色和绿色等可供选择，并可选模拟或数字控制器。

根据不同的视觉应用环境可设计专用的光照系统，包括选择合适的光源和照射方式。大多数情况下采用可见光光源；对于一些特殊场合，也可采用非可见光光源，如某些视觉检验系统采用 X 光或红外光、紫外光，许多三维视觉系统采用激光、超声等。按照射方式的不同，光源可分为以下四种。

1. 背光源

待测物体位于光源及摄像机之间，这时待测物体和背景之间可产生强反差，如图 2-7 所示。通过背光源照射待测物体，相对摄像机形成不透明物体的阴影或观察透明物体的内部，使待测物体透光与不透光部分边缘清晰，为图像边缘提取奠定基础。由于背光源能充分突出待测物体的轮廓信息，所以它主要应用于被测对象的轮廓检测、透明体的污点缺陷检测、液晶文字检查、小型电子元件尺寸和外形检测、轴承外观和尺寸检查、半导体引线框外观和尺寸检查等。

2. 前光源

前光源是指放置在待测物体前方的光源。这种光照方式称为前光源照明，如图 2-8 所示，这时可以得到物体表面的灰度、纹理等特征。前光源照明主要应用于检测反光与不平整表面，如检测 IC 芯片上的印刷字符、电路板元件、焊点、橡胶类制品、封盖标记、包装袋标记、封盖内部及底部的脏污等。

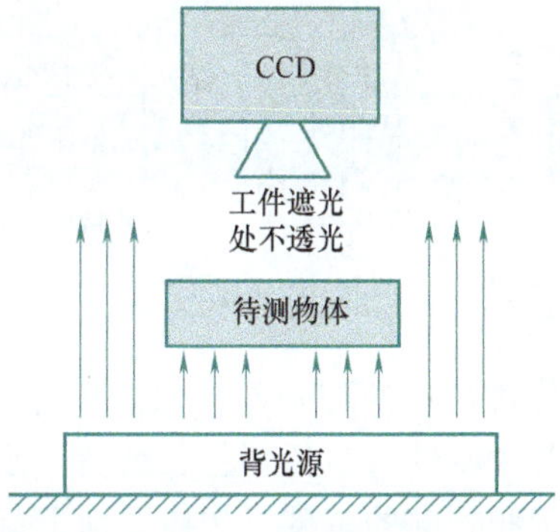

图 2-7 背光源照明

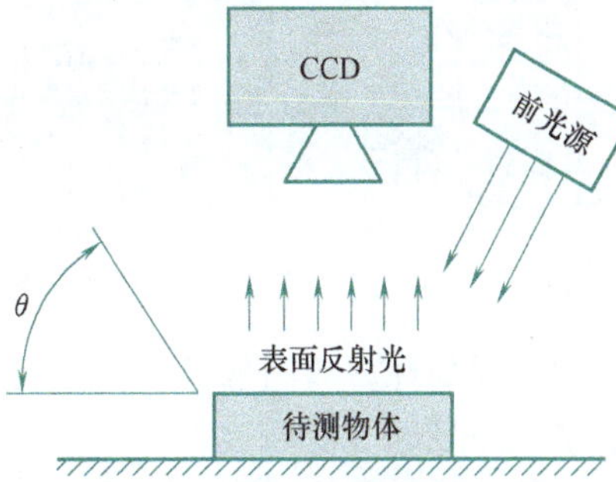

图 2-8 前光源照明

3. 结构光

用具有特定模式（点、线或网格）的光源（即结构光）照射待测物体时，由于待测物体的形状不同，在成像时会发生相应的畸变，通过对该畸变的分析可计算待测物体的三维形状信息。

4. 闪光

对于运动物体，利用闪光照射可消除物体运动引起的图像模糊，通常应保证闪光与摄像机同步。

以视觉系统为基础，工业机器人的应用场景和适用性得到了极大的提升，后续项目均是视觉技术的典型应用，在后续的学习中会结合应用场景具体阐述工艺过程。

做一做

（1）简述 CCD 传感器的工作原理。

（2）谈一谈你对 CMOS 传感器有哪些了解，它的优点有哪些？

任务三 视觉处理

工作任务

从视觉传感器输出的原始图像中得到景物的精确三维几何描述和定量地确定景物中物体的特性是非常困难的问题，也是目前计算机视觉（或称图像理解）的主要研究课题。本任务重点就视觉处理过程及方法进行了详细介绍，剖析了视觉处理过程中的预处理、分割、识别、特征处理、三维信息获取的工作内容及原理。

相关知识

图像处理就是将图像转换为一个数字矩阵存放在计算机中，并采用一定的算法对其进行处理。图像处理的基础是数学，主要任务是各种算法的设计和实现。对于完成某一特定任务所用的机器视觉来说，只需要抽取为完成该任务所需的必要信息，这就需要采用一定的视觉处理方法。视觉处理通常包括预处理、分割、特征抽取、识别和三维信息获取模块，如图 2-9 所示。

预处理是视觉处理的第一步，其任务是对输入图像进行加工，消除原始图像中的噪声等无用信息（去噪），改进图像的质量（灰度变换），增强有用信息的可检测性（锐化），为以后的处理创造条件。为了给出物体的属性和位置描述，必须先将物体从其背景中分离出

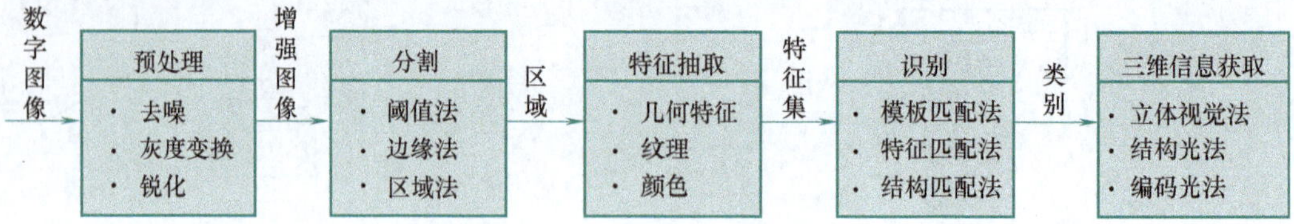

图 2-9　视觉处理过程及方法

来，因此对预处理后的图像首先要进行分割，然后把代表物体的那一部分像素集合（区域）抽取出来，一旦这一区域被抽取出来，就要测量它的各种特性，包括颜色、纹理，尤其是几何特征，这些特征就构成了识别某一物体和确定其位置和方向的基础。物体识别主要基于图像匹配，即根据物体模板、特征或结构与视觉处理的结果进行匹配比较，以确认该图像中包含的物体属性，给出有关的描述，输出给机器人控制器完成相应的动作，最终利用三维信息获取法得到物体的三维信息。

一、预处理

由光学系统生成的图像包含各种各样的随机噪声和畸变，为了提高机器人的视觉功能，增强机器人的分析和识别能力，以便做出正确的行动规划，需要对原始图像中的噪声、畸变进行去除和修正。这种突出有用信息、抑制无用信息和改善图像质量的处理技术，称为图像的预处理。图像预处理技术包括图像对比度的增强、随机噪声的去除、边缘特征的加强以及伪彩色处理等。在预处理中，输入和输出的都是图像，只是经预处理后，输出图像的质量得到一定程度的改善，以达到改善图像的视觉效果，便于计算机（机器人）对图像分析、处理、理解和识别等处理的目的。

二、分割

通过将像素归入性质相似的一些类别，将图像划分成若干有意义的子集（区域），从而把待测物体从图像的其他部分或背景中分离出来，这一过程称为分割。分割是视觉处理最关键的一个步骤，分割得好坏直接关系到物体识别和图像解释的成败。进行分割的原因是，由于一类图像或景物的处理（如图像的压缩或增强），输入是一幅图像，输出也是一幅图像；而另一类图像或景物处理所涉及的问题是对图像或景物的分析。要对图像或景物进行描述，就必须把图像或景物分成若干特定的部分，因此产生了分割技术。

分割有许多种方法，它们各自基于不同的图像模型，利用不同的特征，各自有一定的适用范围，没有唯一的、标准的、普遍适用的方法。通常可把分割方法归纳为基于边缘检测法和基于区域增长法。前者是基于不连续原理检测出物体的边缘，将图像或景物分成不同的区域，该方法通常也称为基于点相关的分割技术；而后者是基于相似性原理，将具有同一灰度级或相同组织结构的像素聚集在一起，形成图像或景物中的不同区域，该方法通常称为基于区域相关的分割技术。

三、特征抽取

在计算机视觉中，图像特征是指从图像中提取出的一些有意义的信息，如几何特征、纹理和颜色等。抽取过程中对图像中的信息进行处理和分析，将其中不易受随机因素干扰的、具有标志性的信息作为该图像的特征信息提取出来。通过对图像特征的抽取，可以将图像转换为可处理的数字形式，从而使计算机能够理解和处理图像。

图像特征提取是图像识别的关键步骤，图像特征提取效果的好坏将直接影响后续的图像处理效果，因此应满足以下条件：

1）图像的特征向量应具有较强的表征能力，且特征向量维数应适中。

2）图像的特征向量应该是基于图像整体的，特征向量的分布必须是均匀的，而不是只集中在图像的某一区域。

3）图像的特征向量应具有缩放、旋转及平移不变性。同一幅图像经过旋转、缩放等一系列处理之后，从中提取的特征向量仍然能够实现精确的匹配。

4）图像特征提取应能够对多种类型图像提取特征，并且适应性强。

5）相同样本间的特征差应越小越好，不同样本之间的特征差则越大越好。

四、识别

视觉处理的最后一个模块是识别，即确定各区域在实际景物中所代表的物体。根据景物及物体本身的复杂程度可采用不同的识别方法，其计算方法可能有很大的区别。基本的方法是利用视觉处理的结果与已知的物体模型进行匹配和比较。如果景物中物体相互区别很明显，则可采用最简单的模板匹配法，这时甚至不用从图像中抽取该物体，而直接在预处理后的图像级进行匹配。一般情况下可采用特征匹配法，即对区域的特征集合与物体的特征模型进行匹配。如果物体非常复杂，则可将物体分为几部分，分别计算各部分的特征，然后再根据这些部分之间的已知结构关系识别整个物体，这一方法称为结构匹配法。

五、三维信息获取

机器视觉更多地要面临处理三维景物的问题。机器人本身的工作环境是一个三维空间，机器人操作的对象是一个或多个不同形状的三维物体。与二维视觉相比，三维视觉不仅增加了机器人到物体间距离（深度）信息的测定问题，而且要抓取的三维物体本身的识别也变得非常困难。首先，由于三维物体放置的姿态不同，可能呈现不同的二维形状；其次，由于三维物体的表面方向不同，对同一光照反射可能呈现不同的灰度，甚至可能形成阴影，因此采用二维视觉的处理方法，同一物体可能被分割成许多区域；另外，从任何视点上只能看见物体的一个面，物体还可能互相重叠或部分遮挡，这意味着识别只能依靠不完全的数据来实现。

获取三维图像采用的主要方法有从单幅图像中抽取某些线索来推断表面形状的方法，以及基于两幅或多幅图像匹配的立体视觉法。这些方法是直接利用自然光得到的图像来获取三维信息，因此属于被动式方法。与此相反，主动式方法是利用可控的，主动发射光波或声波来获取三维信息，包括发射结构光、激光、超声波的三角法和时间法测量距离和深度。

1. 立体视觉法

立体视觉法的原理如图 2-10 所示，它基于计算机视觉最基本的相机模型，通过不同位置的相机对同一目标拍摄的两幅或多幅图像组成立体像对。在事先标定好相机内外参数的前提下，根据三角测量原理，利用对应点的视差来计算视野范围内的立体信息。

立体视觉直接模拟人类双眼处理景物的方式，能一次获得视野范围内的深度信息，受物体表面反射特性影响小，不接触物体，不需要附加光源，成本较低，对于使用环境要求较宽松，测量范围宽，既可获取小范围的三维信息，也可用于大范围的测量，可靠简便，在许多领域均极具应用价值。如机器人视觉感知系统、物体表面三维坐标测量、系统的位姿检测与控制、导航和航测等。当前，除双目立体视觉外，还有三目甚至多目立体视觉系统。

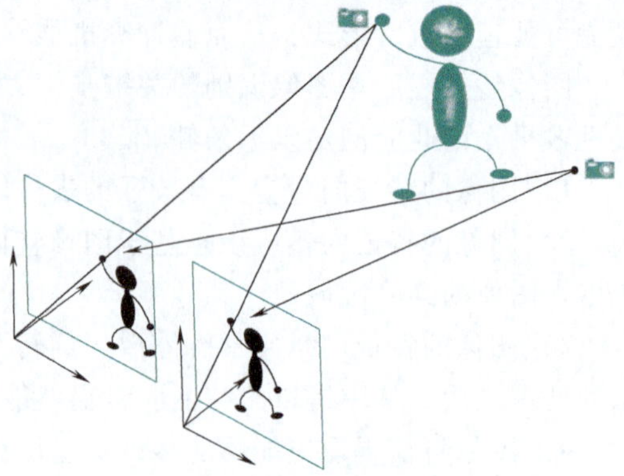

图 2-10 立体视觉法的原理

2. 结构光法

结构光法是一种既利用图像又利用可控光源的测距技术，如图 2-11 所示。结构光从光源的几何形状上说有点状、条状和网状等多种，可以采用激光或白光。其基本思想是利用结构光源中的几何信息帮助提取景物中的几何信息。例如，利用光平面照射在物体表面产生光条纹，在拍摄的图像中检测出这些条纹，它们的形态和间断性反映了物体表面的形状信息，在经过装置定标后，可以计算出被光照射点的三维坐标。配合机械扫描运动，可以获得物体表面各点的坐标。

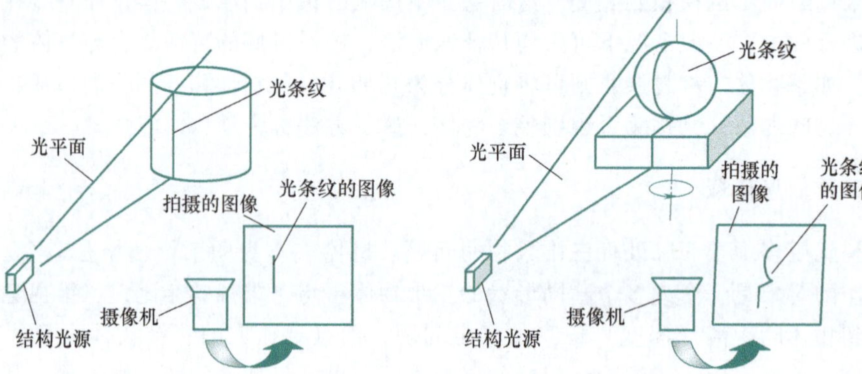

图 2-11 结构光法测距示意图

3. 编码光法

编码光法所用的计算模型与结构光法类似，不同的是它通过时间、空间、彩色编码的光源来确定物体表面的空间位置。这种方法的突出优点是可以减少计算的复杂性，扫描速度快、量测精度高，特别适用于室内和物体表面反射情况比较好的场合。编码光法测距是使用较为普遍的三维图像获取技术，已有不少商品化的产品问世。图 2-12 所示为康耐视 3D 位移传感器。

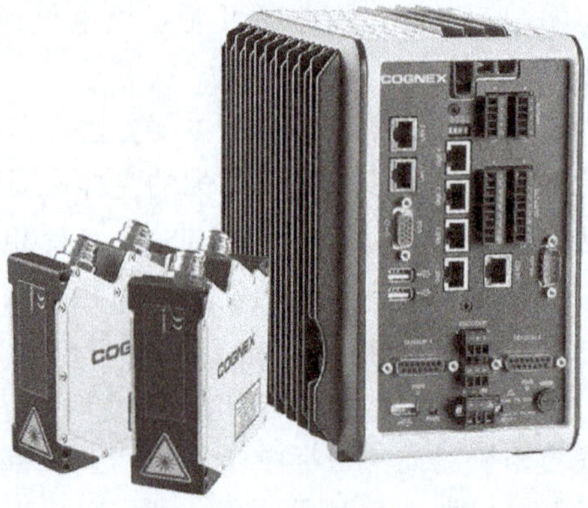

图 2-12 康耐视 3D 位移传感器

被动式方法不需要外加光源，而且立体视觉的原理类似人的双眼立体视觉机理，因此对于机器视觉研究有重要的意义。但其需要解决两个图像对应点的匹配问题，计算非常复杂且费时，因此目前在机器人视觉中应用仍有许多困难。主动式方法能比较容易地得到距离信息，处理方法简单、可靠，特别是针对某些特定的机器人视觉任务，具有较大的应用前景。

做一做

简述视觉处理的主要过程及方法。

项目考核

项目二考核表

考核项目		分值	自评	备注
信息收集	信息收集方法	10		
	信息收集情况	10		
	团队合作	20		
项目实施	机器视觉技术概述	20		
	图像获取	20		
	视觉处理	20		
小计		100		

其他考核

考核人员	分值	评分	存在的问题	解决办法
（指导）教师评价	100			
小组互评	100			
自评成绩	100			
总评	100		总评分成绩 =（指导）教师评价×35%＋小组互评×25%＋自评成绩×40%	

项目小结

本项目主要介绍工业机器人视觉技术的基础知识与原理。随着柔性化生产模式的发展，以及复杂环境、工件不确定性误差、作业对象的复杂性等因素，要求工业机器人向着智能化方向发展，也是新一代工业机器人应用的发展趋势。

工业机器人作为一种自动化作业单元，其智能程度不仅取决于自身的控制性能，也与外部传感设备及其交互能力有关。高级工业机器人是具有力、触觉、距离和视觉反馈的工业机器人，能够在不同工业场合的非结构化环境中自主操作。工业机器人视觉系统能够有效地胜任作业环境发生变化的工作，基于视觉技术的工业机器人应用越来越广泛。

练习题

一、填空题

1. 视觉计算理论从信息处理角度系统概括了________、________、________等方面已取得的成果，明确了视觉研究体系。

2. 计算机视觉以________为基础，为视觉研究提供了统一的理论框架。

3. 机器人视觉广义地称为________，是用机器代替人眼进行目标对象的________、和________。

4. 图像测量子系统又可分为________和________两大部分。

5. 镜头一般都由________和________两部分组成，它决定着拍摄的景物广阔程度和清晰度。

6. 由于图像________、________、________，工业级镜头主要应用于工业零件检测和科学研究等应用场合。

7. 视觉处理通常包括________、________、________、________和________模块。

8. 结构光从光源的几何形状上说有________、________和________等多种，可以采用激光或白光。

9. 通过将像素归入性质相似的一些类别，将图像划分成若干有意义的子集（区域），从而把待测物体从图像的其他部分或背景中分离出来，这一过程称为________。

10. 编码光法测距是通过时间、空间、彩色编码的光源来确定物体表面的________。

二、选择题

1. FANUC 2D 视觉功能中，使用的镜头型号为 SONY XC-56，该款镜头是（　　）镜头。

A. 定焦镜头　　B. 变焦镜头　　C. 远心镜头　　D. 定倍镜头

2. 下列哪项是 CCD 摄像机的优点？（　　）

A. 体积小巧、性能可靠、清晰度高　　B. 亮度高、寿命长、价格低

C. 质量好、清晰度高、均匀度好　　D. 性能可靠、寿命长、亮度高

3. 目前机器视觉系统最为常用的图像传感器是（　　）。

A. CMOS 传感器　　B. PM2.5 传感器

C. CW-76S 传感器　　D. CCD 图像传感器

4. 图 2-13 所示为哪种光源照明？（　　）

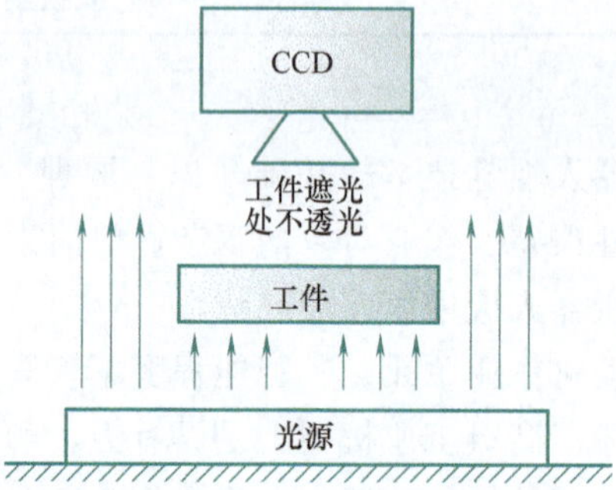

图 2-13　题 4 图

A. 前光源照明　　B. 背光源照明　　C. 闪光照射　　D. 结构光照射

5. 下列对预处理描述错误的是（　　）。

A. 预处理是视觉处理的第一步，其任务是对输入图像进行加工，消除原始图像中的噪声等无用信息，改进图像的质量，增强有用信息的可检测性，为以后的处理创造条件。

B. 图像预处理技术包括图像对比度的增强、随机噪声的去除、边缘特征的加强以及伪彩色处理等技术。

C. 在预处理中，输入和输出都是图像，可达到改善图像的视觉效果，更便于计算机对图像分析、处理、理解和识别等处理的目的。

D. 如果景物中物体相互区别很明显，则可采用预处理的方法，这时甚至不用从图像中抽取该物体就可直接对图像级进行匹配。

6.（　　）是视觉处理的最后一个模块，即确定各区域在实际景物中所代表的物体。

A. 视觉处理　　B. 三维信息获取　　C. 特征抽取　　D. 识别

7. 机器人中使用的光源有环形光源、条形光源和（　　）等。

A. 圆形光源　　B. 放射性光源　　C. 线形光源　　D. 矩形光源

8. 工业级镜头主要应用于工业零件检测和科学研究等应用场合的原因是（　　）。

A. 体积小巧、性能可靠、清晰度高　　B. 性能可靠、寿命长、亮度高

C. 质量好、畸变小、价格高　　D. 体积小、重量轻、价格低

三、判断题

1. 物方远心物镜只能消除位置不准带来的测量误差，且该镜头景深小、焦距固定，因而它的畸变大，检测精度高。（　　）

2. 固体视觉传感器具有体积小、重量轻等优点，因此应用日趋广泛。（　　）

3. CMOS 图像传感器因其良好的集成性、低功耗、宽动态范围和输出图像几乎无拖影等特点而得到了广泛应用。（　　）

4. 与二维视觉相比，三维视觉不仅减少了机器人到物体间距离信息的测定问题，而且要抓取三维物体本身的识别也变得异常容易。（　　）

5. 结构光测距的基本思想是利用照明光源中的几何信息帮助提取景物中的几何信息。（　　）

6. 机器视觉技术已经在工业产品检测、自动化装配、机器人视觉导航、虚拟现实及无人驾驶等许多领域的智能测控系统中得到了广泛应用。（　　）

7. 机器人本身的工作环境是一个三维空间，机器人操作的对象是一个三维物体。（　　）

8. 前光源是指放置在待测物前方的光源。这种光照方式称为前光式照明。（　　）

9. 机器视觉技术的引入使工业机器人朝着更加智能化和柔性化的方向发展，节省了成本，提高了生产率。（　　）

10. 结构光测距方法的突出优点是可以减少计算的复杂性，扫描速度快，量测精度高，特别适用于室内和物体表面反射情况比较好的场合。（　　）

四、简答题

1. 机器视觉技术与机器视觉系统涉及哪些技术环节？

2. CCD 图像传感器的工作原理是什么？

3. 按照射方式的不同，光源可分为哪几种，分别写出它们的应用范围。

4. 视觉处理通常包括预处理、分割、特征抽取、识别和三维信息获取模块，它们的任务分别是什么？

5. 简述你对立体视觉法的理解。

ROBOT

项目三　上下料应用实战

项目导读

新兴工业时代，上下料机器人能满足快速和大批量加工节拍、节省人力成本、提高生产率等要求，成为越来越多工厂的理想选择。上下料机器人系统具有高效率、高稳定性、结构简单和易于维护等优势，可以满足不同种类产品的生产。对用户来说，它可以很快进行产品结构的调整，扩大产能，并且可以大大降低工人的劳动强度。

项目学习目标

知识目标	能力目标	素养目标
1. 了解上下料机器人的分类及特点 2. 掌握上下料机器人系统的组成及功能 3. 掌握上下料机器人系统的工艺流程、特点及操作步骤 4. 掌握上下料机器人工作环节的基本设计方法 5. 拓展上下料机器人工作环节中的相关工艺知识	1. 通过上下料机器人系统的工艺流程、特点及操作步骤的学习，培养学生科学规范的编程能力 2. 通过对上下料工作站的分析设计，培养学生分析和解决问题的能力 3. 在应用实战过程中，掌握合理利用与支配各类资源的能力 4. 通过拓展上下料机器人系统中的相关工艺知识，培养学生获取信息、利用信息的能力 5. 通过拓展学习，强化学生自我认知、自主学习的能力	1. 在小组合作学习过程中，培养学生的团队协作意识 2. 通过设计上下料工作站，培养学生的创新精神和缜密的科学思维方式 3. 通过上下料应用实战，培养学生建立良好的职业习惯和严谨的工作态度 4. 通过本项目的学习，培养学生严谨求实、精益求精的工匠精神

项目实施

本项目主要分四个任务对上下料工作站的工艺设计进行介绍，学生要在应用实战中明确学习要点，系统地掌握上下料工作站的工艺设计方法。

任务一　上下料机器人认知

工作任务

通过本任务的学习，学生应了解上下料机器人的分类、特点、系统组成及功能等相关基础知识，并能独立介绍上下料机器人系统。

相关知识

上下料机器人适用于机床、生产线的上下料、工件移位翻转及工件转序等。

一、上下料机器人的分类及特点

上下料机器人（图 3-1）按照结构不同，可划分为两大类：关节式上下料机器人和直角坐标式上下料机器人。这两种形式的上下料机器人都可以很好地完成上下料工作，具体形式要依据现场的工艺要求来决定。上下料机器人的特点如下：

1）可实现对圆盘类、长轴类、不规则形状和金属板类等工件的自动上下料、工件转序及工件翻转等工作。

2）不依靠机床的控制器进行控制，上下料机器人采用独立的控制模块，不影响机床运转。

3）刚性好，运行平稳，维护非常方便。

图 3-1　上下料机器人

二、上下料机器人系统的组成及功能

上下料机器人系统主要由机器人、驱动装置、末端执行器、控制器、示教器和传感器组成，如图 3-2 所示。

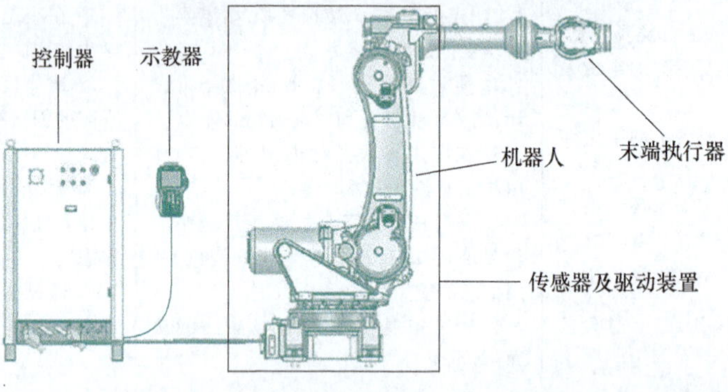

图 3-2　上下料机器人系统的组成

1. 机器人

机器人是上下料机器人系统的主体部分，由若干驱动机构和支持部分组成。为适应各种用途，机器人本体有不同的组成方式和尺寸。机器人各关节部分根据上下料需要，需完成不同自由度的运动，自由度数目越多，机器人执行任务时越灵活，越容易完成复杂性高的上下料任务。

2. 驱动装置

驱动装置是采用电动机驱动机器人到达指定位置的动力源。动力一般直接或经电缆、齿轮箱或其他方法送至机器人各轴。驱动装置目前主要有液动、气动和电动三种驱动方式。电动式驱动电动机又分为直流电动机、步进电动机和交流电动机等，主要完成的动作有腰部回转、大臂回转、小臂倾转、小臂回转、腕部仰俯、腕部回转等。

3. 末端执行器

末端执行器又称末端工具，安装在第 6 轴法兰盘末端，担负抓取工件的任务。实际上使用一种工具不能最大化地利用机器人。通常，按抓取工件的不同，需要设计特定的工具。在一些机器人上配备各种快换工具增加通用性。末端工具的驱动以压缩空气居多，使用压缩空气吸取工件是一种执行器形式，可以吸取平面类零件；使用空气驱动机械机构抓紧或松开，模拟人手抓取零件是另一种执行器形式。电动机驱动也是执行器驱动的主要方式之一，可通过电磁吸引来抓取零件。

4. 控制器

控制器的作用是记忆机器人的动作，对机器人各关节和末端工具进行控制。控制器的核心是微型计算机，它能完成动作程序、各关节位置的记忆、程序的执行、工作状态的诊断、传感器的信息交流和状态显示等功能。

做一做

（1）新兴工业时代，越来越多的企业选择上下料机器人的原因是什么？

（2）简述上下料工业机器人系统的组成。

任务二　上下料工作站实战案例解析

工作任务

本任务将设计一个上下料工作站，自主选择正确的工艺流程并设计工艺步骤，再根据工艺步骤进行机器人示教编程。尝试以个人或小组为单位设计上下料机器人工作站并记录所选用的设备及具体参数。

相关知识

一、案例背景

一台上下料机器人可以根据加工工艺需求，对应一台或多台机床的上下料作业。在机器人一对多上下料系统中，机器人在不同机床加工过程中可完成坯件及加工件的取放动作，有效提升了机器人的使用效率。机器人可通过安装地面导轨在线形布局的机床流水线上进行往复循环作业，使占用空间最小化，并可灵活适应不同批次产品的不同作业工序切换。机器人可在恶劣环境中连续不间断作业，全面释放工厂产能，缩短交货期，提高企业的市场竞争力。

二、案例介绍

本案例为上下料工作站，如图 3-3 所示，其中的上下料单元可以在输送线单元上抓取毛坯件，为数控加工单元进行上料，加工完成后，再抓取工件下料至输送线单元，完成上下料任务。本案例涉及的工艺流程单元模块有双层倍速链输送线单元、机器人上下料单元和数控加工单元。

图 3-3　上下料工作站

三、案例学习要点

学习本案例要注意以下学习要点：

1）上下料系统的形式种类繁多，注意灵活选配上下料系统。

2）不同的上下料内容、设备的选型合理度。

3）加强拓展部分的学习，思考上下料系统工艺流程的优化方案。

四、案例工艺流程

从宏观需求角度，上下料工作站实战案例的工艺流程设计以串行方式实现，具体的工艺流程如图 3-4 所示。

图 3-4 上下料工作站实战案例的工艺流程图

首先，系统下发生产指令后，双层倍速链输送线单元在整个系统中配合顶升移载机构和视觉单元使用，主要实现托盘在输送线上的循环流水和回收。

然后，启动机器人上下料单元，主要完成从双层倍速链上抓取毛坯件送往数控加工单元进行上料，以及成品在数控加工单元加工完成后进行下料。该单元主要由 ABB 机器人本体、控制柜、示教器和末端执行器构成。

最后，启动数控加工单元，完成毛坯件的加工和配合机器人完成上下料工作，为后续工序提供成品。

五、案例设备参数

本案例涉及的设备参数见表 3-1。

表 3-1 上下料系统案例设备参数

设备名称	型号	品牌	设备参数
上下料机器人	ABB IRB 1600	ABB	臂展:1.45m 负载:10kg
PLC	S7-1214C	西门子	14DI 16DO DC/DC/DC
步进电动机驱动器	DM856	雷赛	电源:DC 20~70V
步进电动机	86CM45	雷赛	静力矩:4.5N·m 额定电流:6A
直流电源	SDR-240-24	明纬	DC 24V 240W
磁性开关	CMSG-020	亚德客	三线制 PNP 输出
夹持及阻挡电磁阀	4V210-08-B	亚德客	DC 24V
机器人末端夹持器	MHZ2-40D	SMC	—
漫反射光电传感器	E3Z-D61 13717M	欧姆龙	DC 24V PNP 输出

六、案例工艺步骤

根据本案例工艺流程制订的具体工艺步骤如下。

1. 上下料机器人配置

PLC 与上下料机器人通过 PROFINET 总线方式进行通信，上下料机器人在控制模块中选配 888-2 PROFINET Controller/Device 功能，配置机器人的 IP 地址及网关，配置机器人 PROFINET 的名称，输入输出字节，完成上下料机器人的配置内容，如图 3-5 所示。

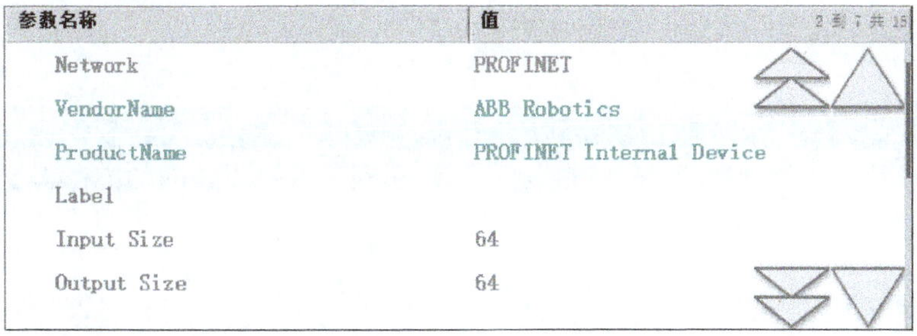

参数名称	值
Network	PROFINET
VendorName	ABB Robotics
ProductName	PROFINET Internal Device
Label	
Input Size	64
Output Size	64

a)

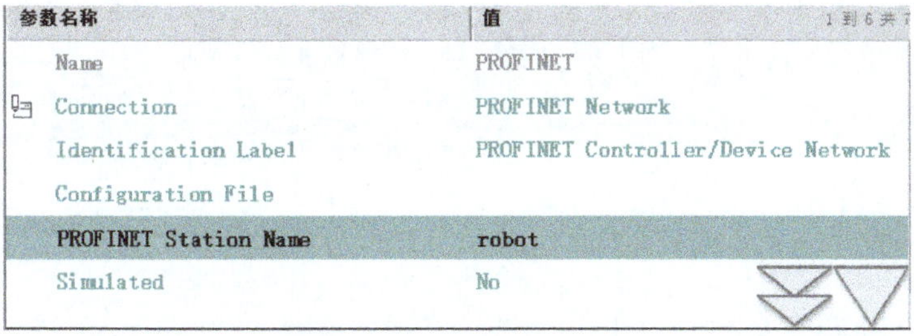

参数名称	值
Name	PROFINET
Connection	PROFINET Network
Identification Label	PROFINET Controller/Device Network
Configuration File	
PROFINET Station Name	robot
Simulated	No

b)

图 3-5　上下料机器人配置

2. PLC 与上下料机器人通信配置

用 PLC 获取上下料机器人对应型号版本的 GSD 配置文件，在博途软件中进行安装，设置 IP 地址、名称，且要与上下料机器人设置的 IP 地址和名称保持一致，组态上下料机器人通信 I/O 数据区模块并设置地址。将配置好的文件下载到 PLC 中，即可实现 PLC 与上下料机器人进行多字节数据的通信功能。PLC 与上下料机器人通信配置过程如图 3-6～图 3-11 所示。

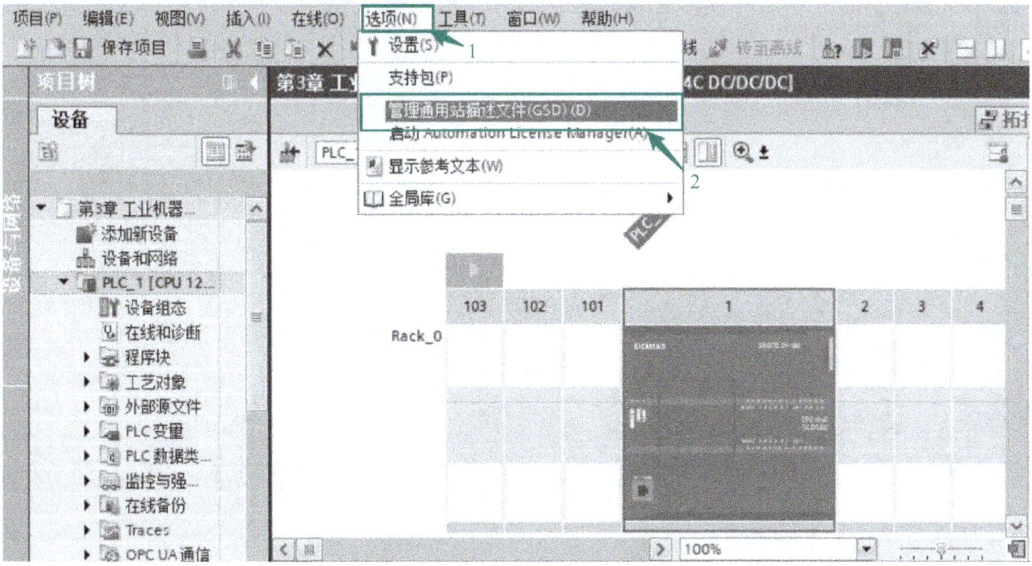

图 3-6　打开配置 GSD 选项功能

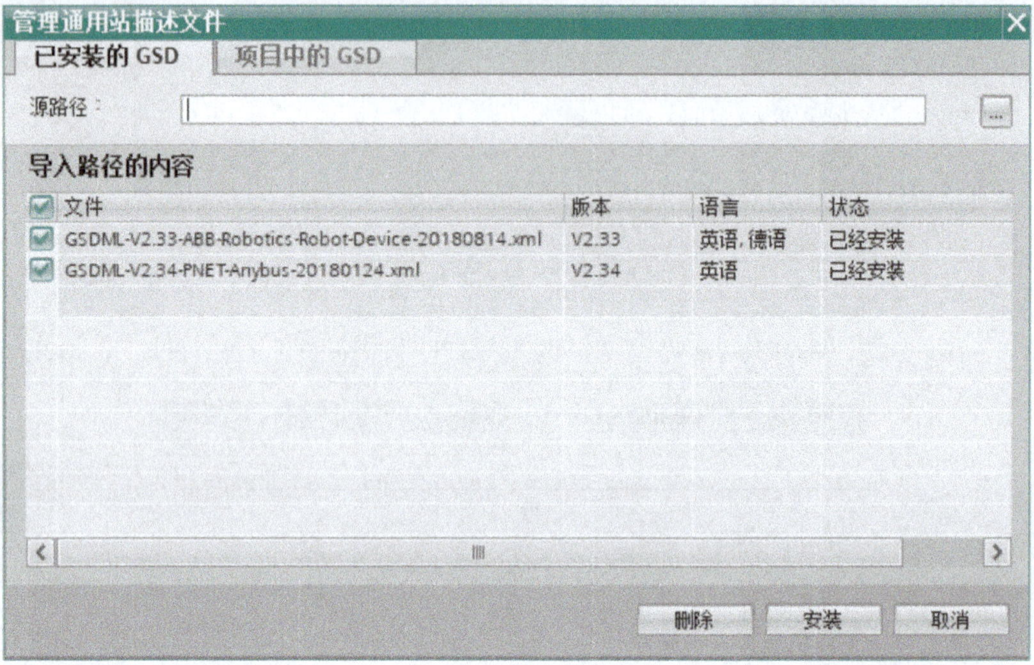

图 3-7　选择需要添加的 GSD 文件

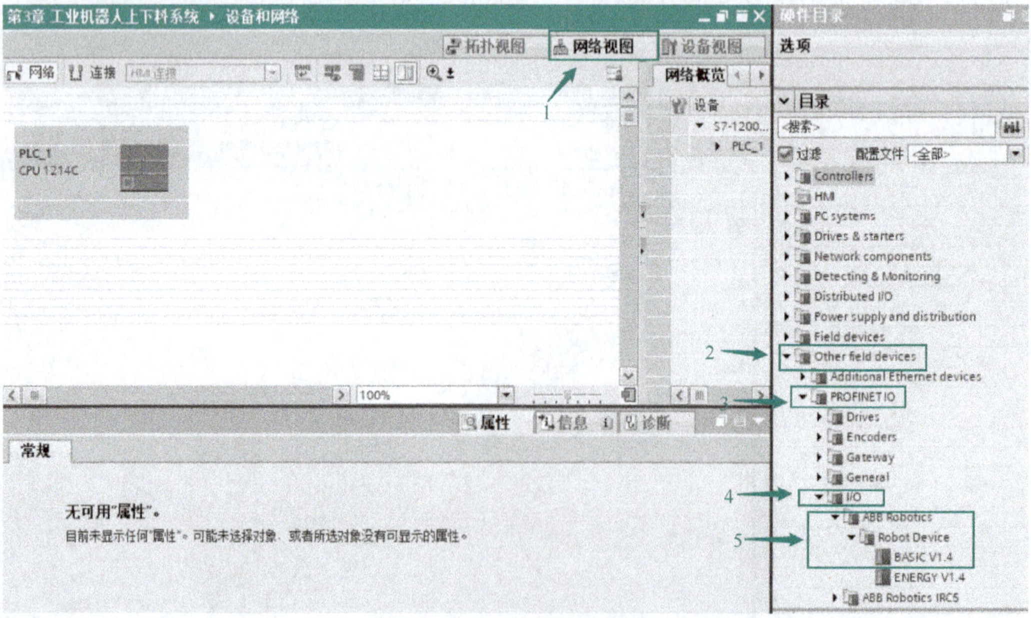

图 3-8　在网络视图中添加机器人设备

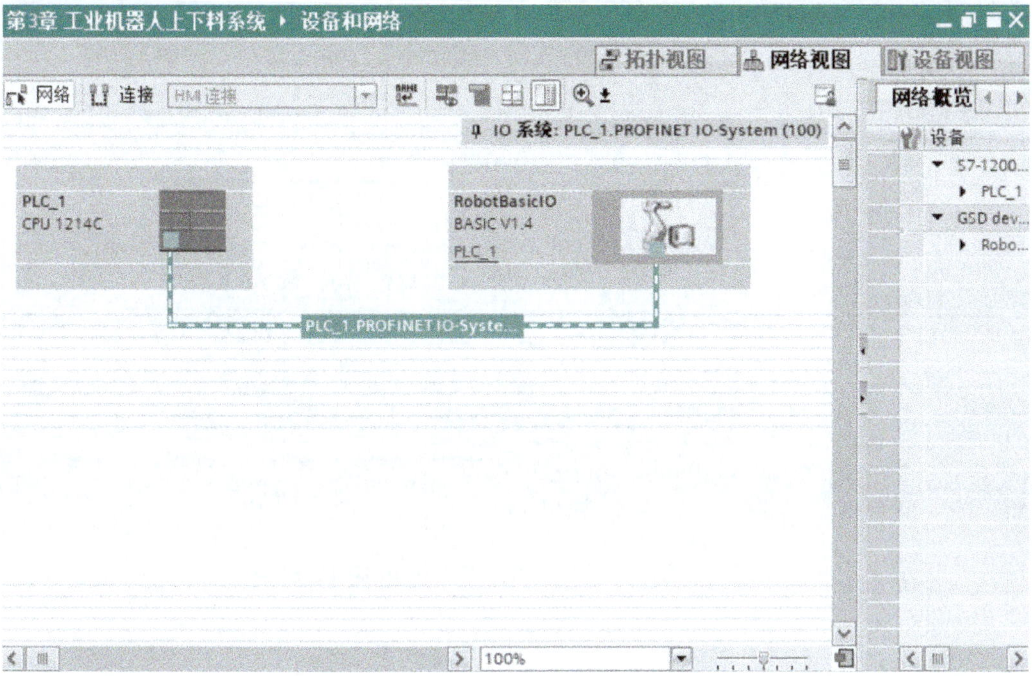

图 3-9 建立机器人与 PLC 之间的连接

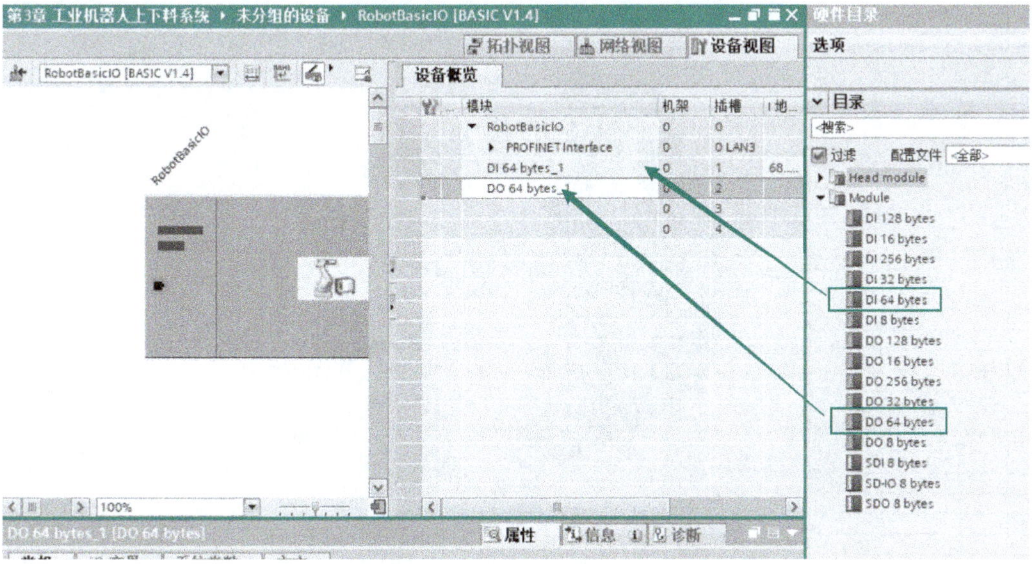

图 3-10 分配与 PLC 信息交互数据区

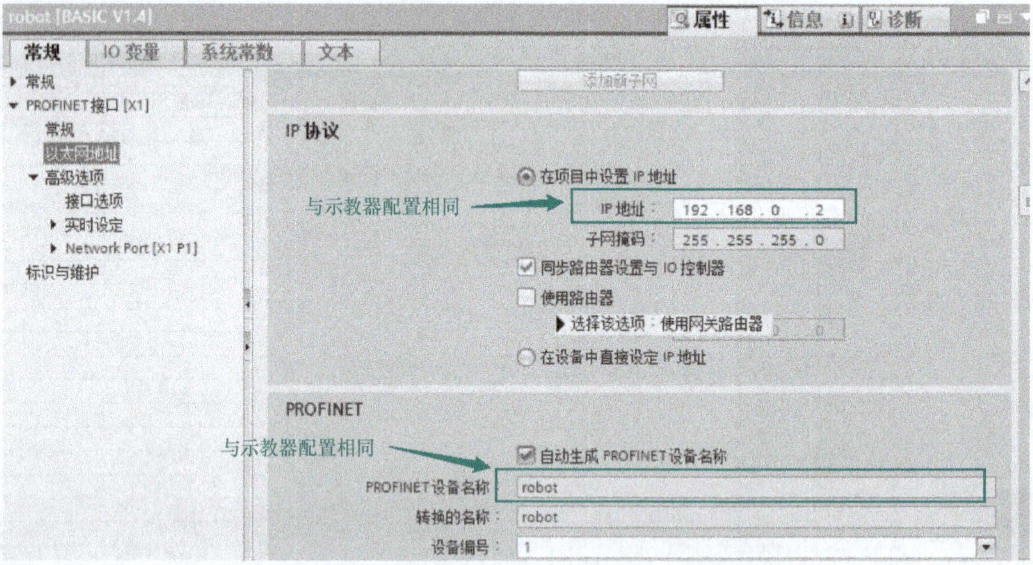

图 3-11　分配机器人 IP 地址和 PROFINET 设备名称

3. PLC 控制外围设备配置

双层倍速链输送线单元采用步进电动机（图 3-12）进行控制，不仅体积小，而且运行稳定，便于调试控制，依托 PLC 强大、可靠的高速脉冲输出功能，在 TIA 博途软件中对双层倍速链输送线单元进行工艺对象组态与控制程序编制，并利用 PLC 的 PTO 功能实现精准的运动控制。PLC 控制外围设备配置过程如图 3-13～图 3-17 所示。

图 3-12　雷赛步进电动机

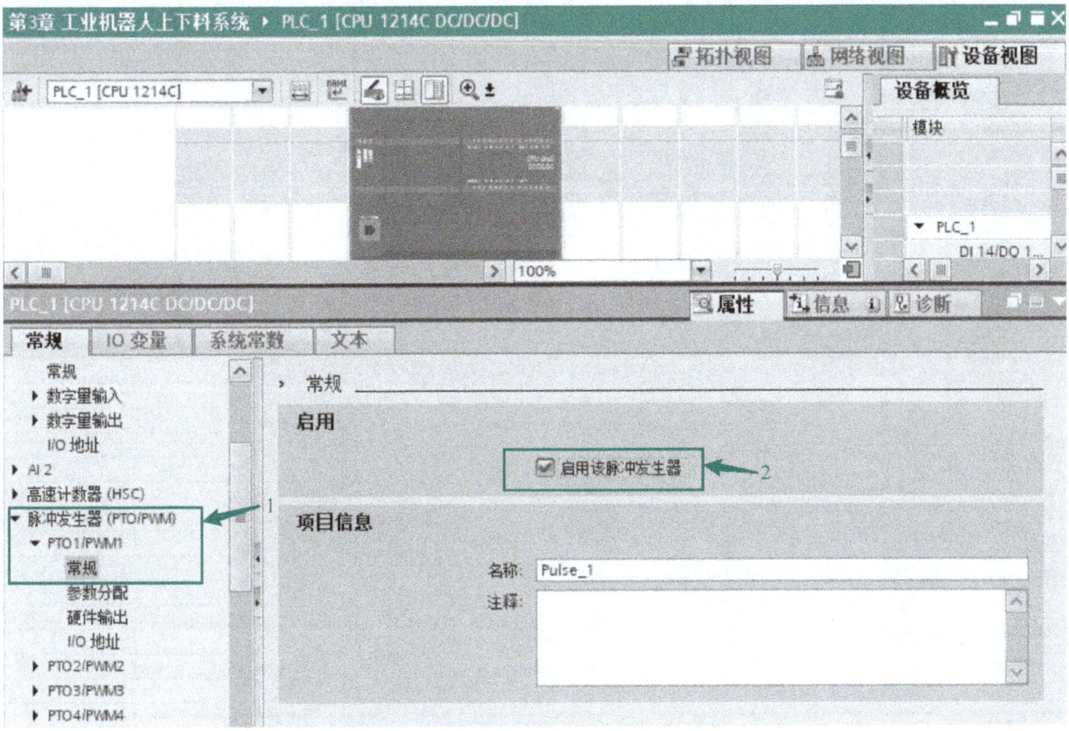

图 3-13 启用 PLC 高速脉冲发生器功能

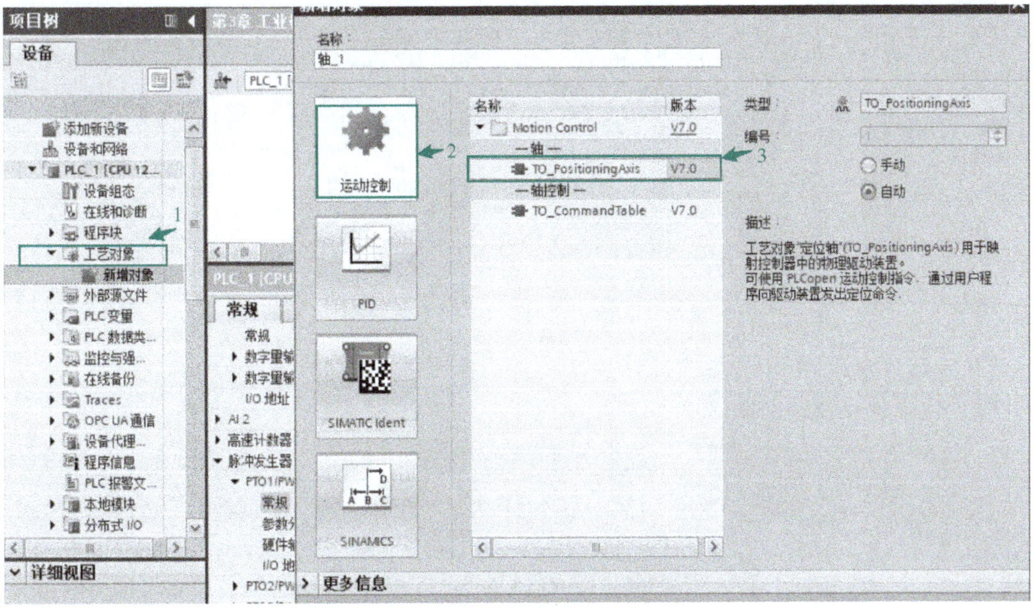

图 3-14 在"工艺对象"中组态轴对象

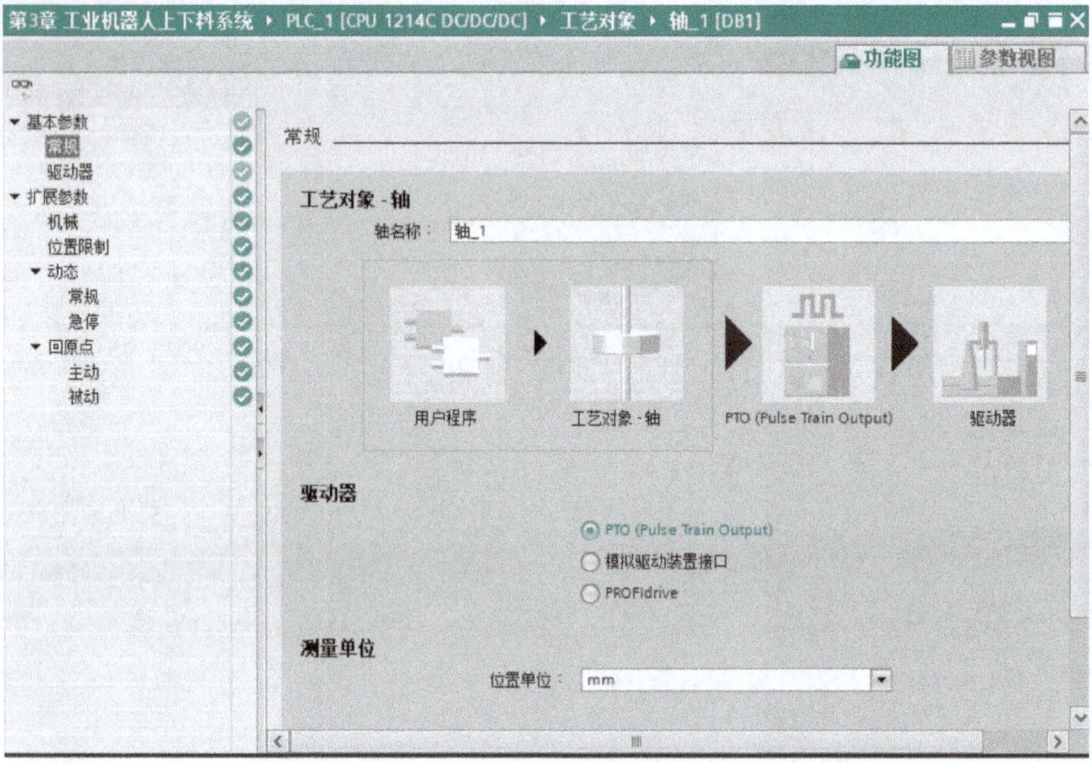

图 3-15 选择 PTO 类型的驱动器

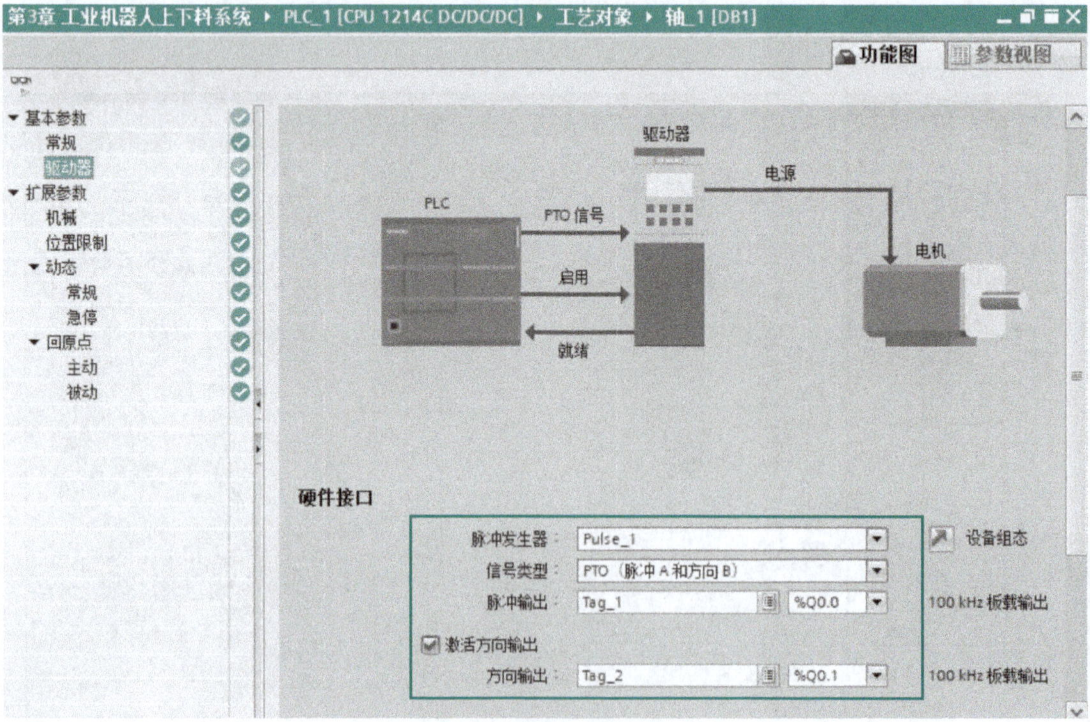

图 3-16 配置硬件接口

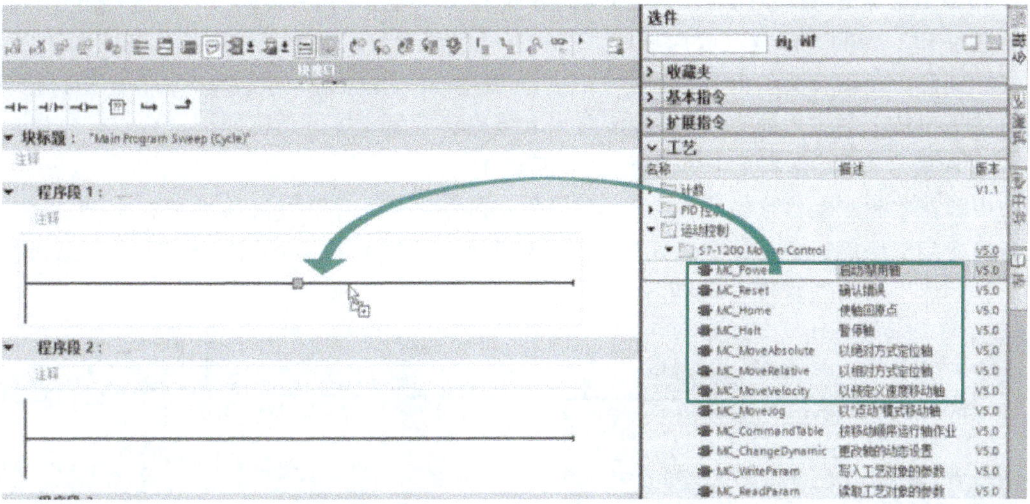

图 3-17 运动控制指令编程

4. 双层倍速链上料

转运小车将毛坯输送至双层倍速链接驳台入口处（图 3-18），通过 PLC 发送指令开启接驳台输送电动机将毛坯托盘输送至接驳台 A 处，触发接驳台上的漫反射光电传感器（图 3-19），通过 PLC 发送指令使输送电动机停止。

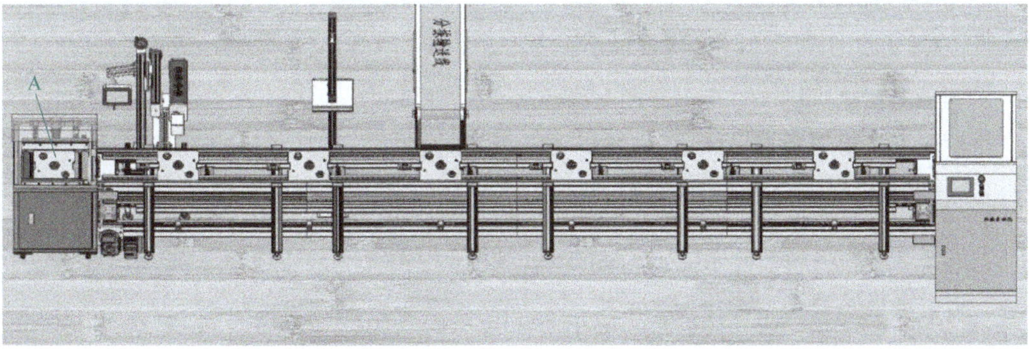

图 3-18 双层倍速链

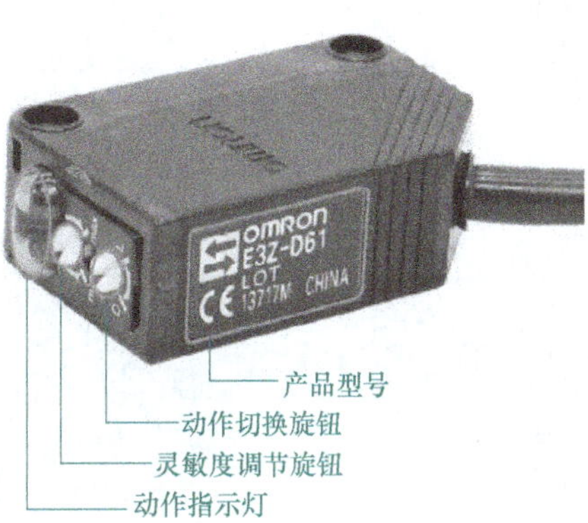

图 3-19 漫反射光电传感器

5. 双层倍速链将物料托盘输送至下层（B 处）

通过 PLC 控制升降气缸收回缸杆，将物料托盘移动到双层倍速链下层，如图 3-20 所示。当气缸到位后磁控开关将信号反馈给 PLC，接着启动下层输送步进电动机，直至物料托盘到达双层倍速链下层（B 处），触发漫反射光电传感器后使步进电动机停止。

6. 双层倍速链将物料托盘输送至上层（C 处）

PLC 接收到双层倍速链下层运输到位的光电信号后，升降气缸移载机构上升，将物料托盘输送到双层倍速链上层（C 处），如图 3-21 所示。PLC 检测到气缸上升到位磁控开关信号后，开启上层输送步进电动机。

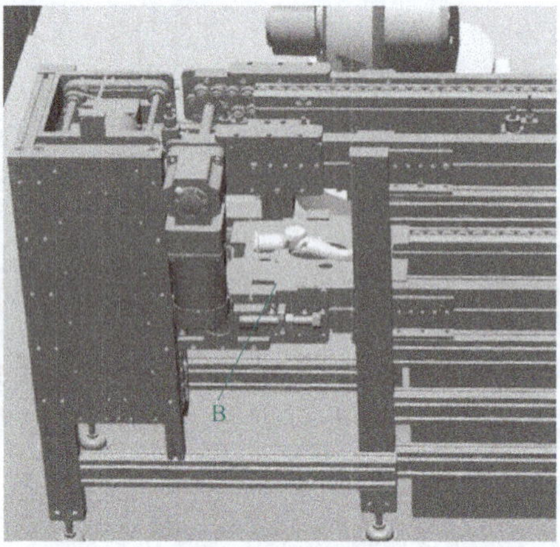

图 3-20　双层倍速链将物料托盘输送至下层（B 处）

图 3-21　双层倍速链将物料托盘输送至上层（C 处）

7. 送料到位

物料托盘被输送到指定位置时，触发漫反射光电传感器并将信号传送至 PLC，开启顶升气缸，将物料托盘固定在准确位置后，向上下料机器人发送上料工作指令，如图 3-22 所示。

8. 执行器取料

机器人末端执行器向物料托盘方向移动，到位后 PLC 控制夹持器电磁阀通电，夹持器收紧，抓取毛坯并移动至数控加工单元，如图 3-23 所示。

图 3-22　送料到位

图 3-23　执行器取料

9. 机器人上料

机器人夹持毛坯到达数控加工单元后，向 PLC 发送到位信号，此时 PLC 控制电磁阀断电使夹持器松开，随后毛坯被放置在数控加工单元固定夹具上，然后上下料机器人退出数控加工单元并等待下料，如图 3-24 所示。

10. 准备加工

PLC 向 CNC 加工单元发送上料完成信号，固定夹具夹紧毛坯，准备加工，如图 3-25 所示。

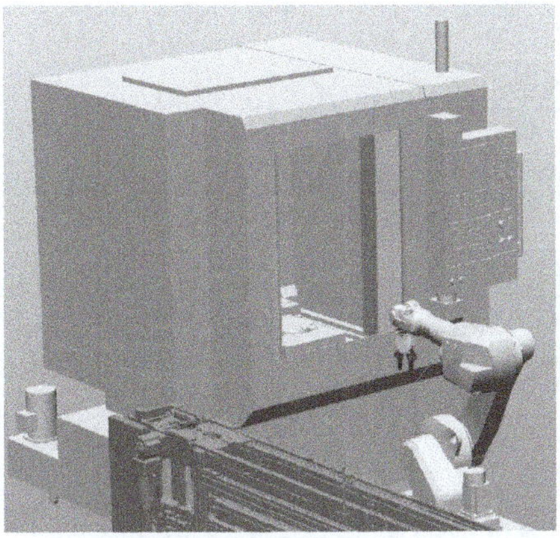

图 3-24　机器人上料

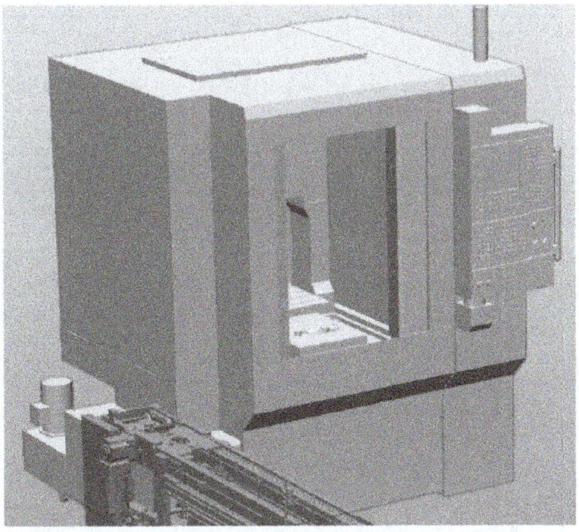

图 3-25　准备加工

11. 加工完成

数控加工单元完成加工后，向 PLC 发送加工完成信号。

12. 机器人下料

PLC 向上下料机器人发送下料指令，按照下料工艺流程将工件下料至物料托盘，完成下料。

七、案例工艺示教

根据上述工艺步骤，进行机器人示教编程。

1. 任务描述

在机器人上下料单元中，机器人通过末端夹持器（图 3-26）对工件进行抓取，工件从输送线上料端传送到机器人抓取位置，机器人抓取工件放入数控加工单元。加工完成后，机器人再从数控加工单元中抓取工件并放置到输送线上，完成下料工作。

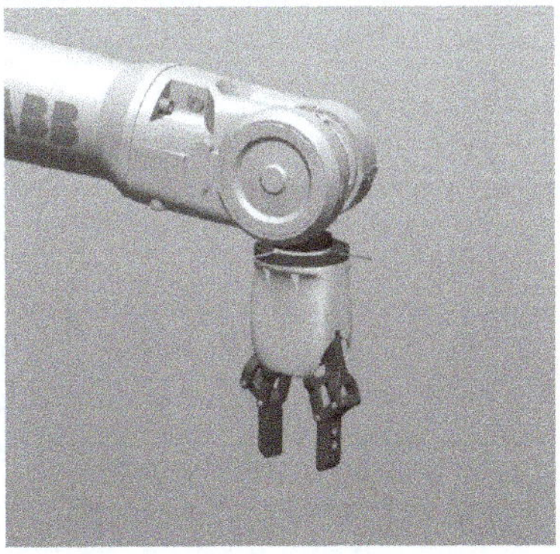

图 3-26　机器人末端夹持器

2. 任务实施

（1）设计机器人程序流程（图 3-27）

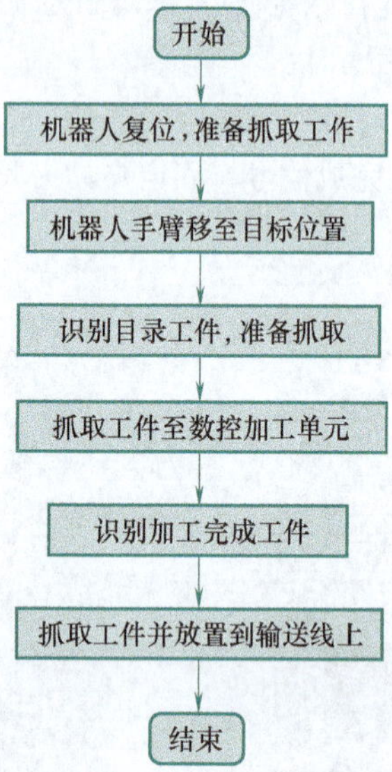

图 3-27　机器人程序流程图

（2）列出机器人运动示教点（表 3-2）

表 3-2　机器人运动示教点

序号	示教点、信号和坐标系	说明	备注
1	shangliao_home	机器人原点	需示教
2	shangliao_p1	输送线抓取位置上方	需示教
3	shangliao_p2	输送线抓取位置	需示教
4	shangliao_p3	数控加工单元处过渡点(上料)	需示教
5	shangliao_p4	数控加工位置点上方	需示教
6	shangliao_p5	数控加工位置点	需示教
7	xialiao_p1	工件抓取点上方	需示教
8	xialiao_p2	工件抓取点	需示教
9	xialiao_p3	数控加工单元处过渡点(下料)	需示教
10	xialiao_p4	输送线放料位置上方	需示教
11	xialiao_p5	输送线放料位置	需示教
12	tool1	夹持器工具坐标系	需建立
13	tool0	默认工具坐标系	无需建立
14	wobj0	默认工件坐标系	无需建立
15	do1	夹持器信号	1 为打开
16	di1	数控加工单元完成信号	1 为完成

（3）机器人程序设计　机器人程序设计包括：主程序“main ( )”、复位程序

"fuwei()"、上料程序"shangliao()"和下料程序"xialiao()"。

1）编写主程序。参考程序如下：

```
PROC main()
    fuwei;      ! 调用复位子程序
    shangliao;  ! 调用上料子程序
    xialiao;    ! 调用下料子程序
    fuwei;      ! 调用复位子程序
ENDPROC
```

2）编写复位程序。在"fuwei()"程序中，要使机器人回到原点，将所有信号复位。参考程序如下：

```
PROC fuwei()
    Reset do1;  ! 夹持器关闭
    MoveL shangliao_home,v100,fine,tool0\Wobj:=wobj0;  ! 机器人回到工作原点
ENDPROC
```

3）编写上料程序。在"shangliao()"程序中，先是将工件从输送线上抓取，然后将工件移动放置在数控加工单元中。参考程序如下：

```
PROC shangliao()
    MoveL shangliao_p1,v100,fine,tool1\Wobj:=wobj0;
                                        ! 沿直线运动到输送线抓取位置上方
    MoveL shangliao_p2,v100,fine,tool1\Wobj:=wobj0;
                                        ! 沿直线运动到输送线抓取位置
    Set do1;  ! 夹持器打开
    MoveL shangliao_p1,v100,fine,tool1\Wobj:=wobj0;
                                        ! 沿直线运动到输送线抓取位置上方
    MoveL shangliao_p3,v100,fine,tool1\Wobj:=wobj0;
                                        ! 沿直线运动到数控加工单元处过渡点
    MoveL shangliao_p4,v100,fine,tool1\Wobj:=wobj0;
                                        ! 沿直线运动到加工位置点上方
    MoveL shangliao_p5,v100,fine,tool1\Wobj:=wobj0;
                                        ! 沿直线运动到加工位置点
    Reset do1;  ! 夹持器关闭
    MoveL shangliao_p4,v100,fine,tool1\Wobj:=wobj0;
                                        ! 沿直线运动到加工位置点上方
ENDPROC
```

4）编写下料程序。在"xialiao()"程序中，先在数控加工单元中抓取工件，然后将工件移动放置在输送线下料。参考程序如下：

```
PROC xialiao()
    WaitDI di1,1;  ! 工件加工完成信号
    MoveL xialiao_p1,v100,fine,tool1\Wobj:=wobj0  ! 沿直线运动到工件抓取点上方
```

```
    MoveL xialiao_p2,v100,fine,tool1\Wobj:=wobj0;  ! 沿直线运动到工件抓取点
    Set do1;  ! 夹持器打开
    MoveL xialiao_p1,v100,fine,tool1\Wobj:=wobj0;  ! 沿直线运动到工件抓取点上方
    MoveL xialiao_p3,v100,fine,tool1\Wobj:=wobj0;  ! 沿直线运动到数控加工单元处过渡点
    MoveL xialiao_p4,v100,fine,tool1\Wobj:=wobj0; ! 沿直线运动到输送线放料位置上方
    MoveL xialiao_p5,v100,fine,tool1\Wobj:=wobj0; ! 沿直线运动到输送线放料位置
    Reset do1;  ! 夹持器关闭
    MoveL xialiao_p4,v100,fine,tool1\Wobj:=wobj0; ! 沿直线运动到输送线放料位置上方
ENDPROC
```

（4）程序调试　编写完主程序和子程序，并确保所有指令的速度值不超过 100mm/s 后，进行程序调试。单击“调试”→“PP 移至例行程序…”→“fuwei”→“确定”按钮，程序指针指在“fuwei”程序的第一条语句，如图 3-28 所示。

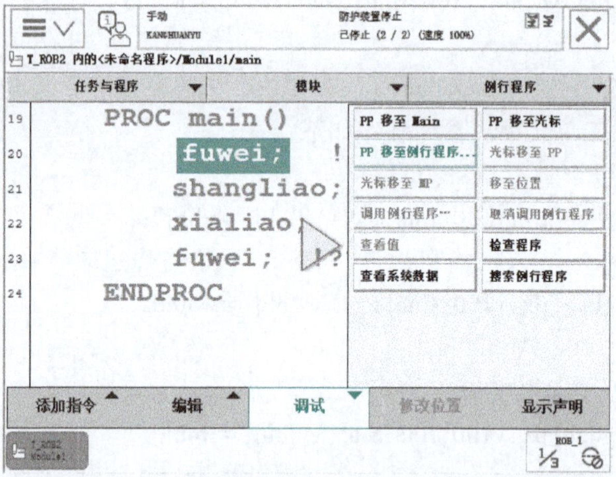

图 3-28　程序调试

做一做

总结示教上下料机器人程序的注意事项。

任务三　上下料工作站分析与设计

工作任务

通过本任务的学习，学生应掌握正确选择上下料机器人型号的方法，根据不同的场景、载荷、夹持力、精度、速度和成本等因素选择合适的末端执行器，最终完成对上下料工作站的分析与设计。

相关知识

一、上下料机器人选型

上述案例中选择的机器人型号为 ABB IRB 1600，该机器人可大大缩短工作周期，大幅提高产量。这得益于 ABB 专利的第二代 QuickMove 运动控制，以及 ABB 机器人的强大电动

机和低摩擦损耗直齿轮，ABB IRB 1600 型机器人的加速和降速均快于其他机器人，节约了不同任务之间的切换时间。ABB IRB 1600 型机器人具有出色的可靠性，即便在恶劣的作业环境下或要求严格的全天候作业中都能应对自如。整个机械部分防护等级均为 IP54，敏感件是标准的 IP67 防护等级。高刚性设计配合直齿轮使这款机器人的可靠性更佳。

1. 选型方法

在选择上下料机器人时，为了满足功能要求，必须从额定负载、工作空间和自由度等方面来分析，只有它们同时被满足或者增加辅助装置后才能满足功能要求的情况下，所选用的工业机器人才是可用的。选择合适的上下料机器人通常需要从以下三个方面进行考虑。

（1）额定负载　额定负载也称有效负荷，是指正常作业条件下，工业机器人在规定性能范围内，手腕末端所能承受的最大载荷。如果需要将工件从一个位置移至另一个位置，需要将零件的质量和末端执行器的质量计算在额定负载内。

（2）自由度　机器人轴的数量决定了其自由度数，轴的数量选择通常取决于具体的应用。如果只是进行一些简单的应用，四轴机器人就足够了。如果机器人需要在一个狭小的空间内工作，而且机械臂要扭曲反转，最好选用 6 轴或自由度更高的机器人。

（3）最大运动范围　最大垂直运动范围是指在垂直方向上，上下料机器人腕部能够到达的最低点（通常低于机器人的基座）与最高点之间的范围。最大水平运动范围是指在水平方向上，上下料机器人腕部能够到达的最远点与机器人基座中心线之间的距离。

2. 选型原则

型号规格不同的机器人区别很大，对某些特定的应用有限制。以机床上下料机器人选型为例，结合上下料生产线的实际情况，总结上下料机器人选型总体原则如下：

1）根据上下料生产线结构与工件加工工艺，初步确定所需机器人的工位与装机总量。

2）根据工件以及末端执行器的质量、外形尺寸，初步确定机器人的负载选型。

3）根据上下料节拍要求和成本预算，确定机器人性能参数和工作范围特点，选择机器人与末端执行器的装配方式。

4）根据工件的种类和机器人工位，确定末端执行器总套数和最大尺寸。

5）根据生产线布局和机床加工工艺参数，确定机器人的水平最大臂展和安装位置。

6）根据机床摆放位置、数量等参数，确定机器人的实际最大臂展、上下料的最大干涉范围、机器人腰部和机器人基座的外形尺寸及高度。

7）根据上下料机器人手腕承载能力与工具质心偏置的末端负载参数，确定机器人的实际承载能力与选型要求是否相符，并在软件环境下进行机器人上下料轨迹干涉校检，确定机器人的精确位置及运行轨迹。

8）根据自动化生产线的结构和环境特点，选购或自行开发技术配套单元，配备外围设备单元，并进行编程调试。

二、末端执行器的选型与设计

上述案例中选择的末端执行器型号为 MHZ2-40D，该末端执行器可以用来抓取物体，实现机械手的各种动作。在自动化系统中，气动手爪常应用在搬运、传送工件机构中抓取、拾放物体。气动手指又称气动夹爪或气动夹指，是利用压缩空气作为动力，夹取或抓取工件的执行装置。它起源于日本，后被国内自动化企业广泛使用。根据样式的不同，末端执行器夹指通常可分为Y型夹指和平型夹指，其主要作用是替代人进行抓取工作，可有效地提高生产率及工作的安全性。

1. 末端执行器的选型

上下料机器人系统的末端执行器有很多种类，需要根据工件的不同选择合适的末端执行器，一般根据以下五个方面来选择。

（1）应用场景　选择末端执行器要明确应用场景，需要确定上下料工件的外形是否适合夹持或吸取。在形状确定后，还需要考虑对其进行表面处理。

（2）载荷和夹持力　载荷不仅影响机器人末端执行器，还影响机器人本身。如果机器人单元移动的工件质量接近机器人的最大载荷，将导致机器人单元的移动速度下降。如果需要机器人工作快速流畅，那么需要选择载荷比目标工件大一些的机器人和末端执行器。

关于夹持力，一方面需要保证有足够的夹持力，使工件不致跌落；另一方面，需要确保夹持力不会过大而损坏工件。

（3）精度　虽然速度是机器人的重要参数，但其运动的精准与精确也同样重要。由于这些因素很难确定，而且在大量实际应用中可能只需要一个重复精度好的末端执行器。事实上，末端执行器的精度主要取决于工业机器人，如果能保证机器人的重复精度，那么末端执行器的运动精度是能够满足要求的。

（4）速度　如果想优化工艺，则需要强化加速度和速度，同时还要有一个安全的末端执行器。如果工件很薄并且很光滑（如钣金件），而且工件表面和末端执行器之间的摩擦系数很小，这时就需要考虑机器人在达到最高速度时的惯性。另外，还要考虑末端执行器本身的速度，应保证末端执行器抓取的时间能够满足系统的要求，例如磁性末端执行器在这方面的表现就非常优异，几乎在瞬间就可以让夹持力消失。另外，由于系统的损失，使用气压或者液压末端执行器的速度就要稍微慢一些。

（5）成本　好的末端执行器可能并不太经济。在考虑成本时，不但需要考虑末端执行器的价格，还要考虑腕部和电缆的价格，这些附件的价格通常都是固定的，需要加到总成本里。

2. 末端执行器的设计

末端执行器的设计过程是：根据抓取工件的形状、大小等特征确定完善的抓取方案，选择恰当的驱动方式，设计合理的末端执行器结构，以满足工作需求。

（1）驱动方式的选择　驱动方式的选择通常受到作业环境的限制，同时还要考虑所选择的驱动方式是否能够达到工作要求，价格因素及控制的难易程度也是重要的参考标准。常用的驱动方式有三种类型：液压式驱动、气动式驱动和电气式驱动。

1）液压式驱动是将液压能转化为液压缸的推进动力或液压马达的旋转动力。这种驱动方式的优点是：驱动功率大、低速性能好，缺点是：成本较高、操作可靠性较差、维修保养复杂、易泄漏。液压式驱动常用于需要大功率驱动、对移动性能要求不高的末端执行器中。

2）气动式驱动与液压式驱动的原理类似，其动力源为压缩空气。这种驱动方式的优点是：结构简单、响应速度快、动力来源方便廉价、控制简单，缺点是：速度不易控制、驱动力较小、噪声较大、精度低。气动式驱动常用于对精度要求不高的箱式搬运类的末端执行器中。

3）电气式驱动主要有直线电动机驱动和步进电动机驱动两种形式，不需要转换机构。

直线电动机驱动的特点是：结构简单、行程长、速度快，但其成本高。步进电动机驱动的特点是：功率小、控制简单准确、抗干扰能力强。

（2）材料的选择　末端执行器的材料选择取决于工作条件及设计的要求，需要综合考虑末端执行器的质量、刚度和阻尼等性能，以便提高末端执行器的执行能力。

（3）结构的设计　根据抓取工件的外形和工作要求，合理设计末端执行器的机械结构，使其更符合实际应用的要求。

做一做

在选择上下料工业机器人时，为满足功能要求需要从哪几方面来进行重点分析？

任务四　上下料生产线分析与设计

工作任务

通过本任务的学习，学生应掌握上下料生产线的线形布局、品字形布局和龙门式布局的作业特点及应用范围。

相关知识

合理的工位布局将直接影响生产率。在实际生产中，常见的上下料机器人工作站的工位布局可分为三种：线形布局、品字形布局和龙门式布局。

1. 线形布局

机器人可通过安装在地面的导轨在线形布局的机床流水线上进行往复循环作业，以适应不同批次产品的不同作业工序切换。线形布局依附于生产线位于机床的一侧，具有生产率高、节约人员维护、一人便可监视全线上下料等优点，广泛应用于机床的上下料工作。

2. 品字形布局

在品字形布局中，一台上下料机器人可根据加工工艺需求对应多台机床的上料、下料作业，减小占用工厂空间。机器人在一对多上下料系统或在不同机床加工过程中可完成毛坯及加工后工件的取放动作，有效提升了机器人的使用效率，如图 3-29 所示。

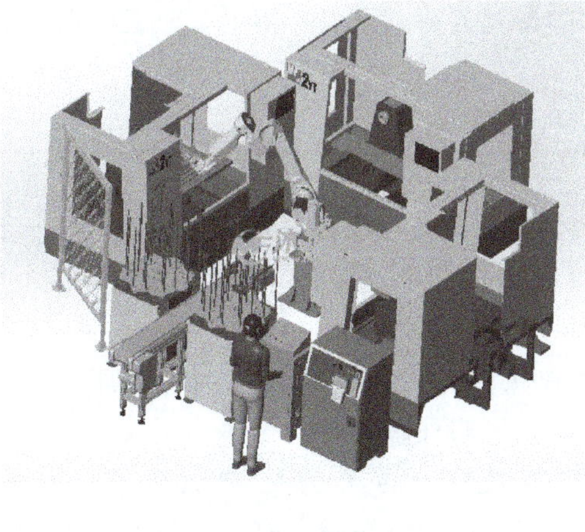

图 3-29　品字形布局

3. 龙门式布局

龙门式上下料工作站可对六台机床进行上下料，上下料机器人系统由四轴龙门式机械手构成，可在 X、Y、Z 轴特定的三维空间内任意运动。

做一做

总结上下料生产线的三种布局方式及特点。

项目考核

项目三考核表

考核项目		分值	自评	备注
信息收集	信息收集方法	5		
	信息收集情况	5		
	团队合作	10		
项目实施	上下料机器人介绍	20		
	解析上下料工作站实战案例	20		
	上下料工作站分析与设计	20		
	上下料生产线分析与设计	20		
小计		100		

其他考核

考核人员	分值	评分	存在的问题	解决办法
（指导）教师评价	100			
小组互评	100			
自评成绩	100			
总评	100		总评分成绩 =（指导）教师评价×35%＋小组互评×25%＋自评成绩×40%	

项目小结

本项目以智慧工厂中数控加工单元的上下料过程为应用工艺案例，系统分析了典型上下料系统的分类、特点、组成和基本功能，描述了加工过程中的工艺流程，解析了上下料过程中的工作站布局和各部件的选型方法，重点介绍了工业机器人上下料工作站的设计方法和部分程序代码。

练习题

一、填空题

1. 上下料机器人按照结构不同，可划分为两大类：__________和__________。

2. 上下料机器人系统主要由机器人、驱动装置、末端执行器、控制器、________和________组成。

3. 新兴工业时代，工业机器人上下料系统能满足快速和大批量加工节拍、________、________等要求，成为多数工厂的理想选择。

4. 在选择上下料机器人时，为了满足功能要求，必须从________、________、________等方面来分析，只有它们同时被满足或者增加辅助装置后才能满足功能要求的情况下，所选用的工业机器人才是可用的。

5. 直线电动机驱动的特点是结构简单、行程长、速度快，但其________。

6. 上下料机器人工作站的工位布局可分为________、________和龙门式布局。

二、选择题

1. 下列哪种驱动方式是上下料机器人驱动装置的动力源？（　　）

A. 电动、液压、太阳能　　B. 手动、智能、太阳能

C. 液动、气动、电动　　D. 电动、液压、油动

2. （多选）上下料机器人的特点有哪些？（　　）

A. 可实现对圆盘类、长轴类、不规则形状、金属板类等工件的自动上下料、工件转序及工件翻转等工作。

B. 不依靠机床的控制器进行控制，上下料机器人采用独立的控制模块，不影响机床运转。

C. 刚性好、运行平稳、维护非常方便。

D. 高效率、高稳定性、结构简单、易于维护，可以满足不同种类产品的生产。

3. 如果机器人需要在一个狭小的空间内工作，而且机械臂要扭曲反转，选用 6 轴或自由度数更高的机器人是最好的选择。这体现了上下料机器人（　　）的特性。

A. 最大运动范围　　B. 工作范围

C. 额定负载　　D. 自由度

4. （多选）以机床上下料机器人选型为例，结合上下料生产线的实际情况，上下料机器人选型原则可总结为（　　）。

A. 根据工件以及末端执行器的质量、外形尺寸，初步确定机器人的负载选型。

B. 根据工件的生产种类和机器人工位，确定末端执行器的总套数和最大尺寸。

C. 根据上下料生产线的结构与工件加工工艺，初步确定所需机器人的工位与装机总量。

D. 根据生产线布局和机床加工工艺参数，确定机器人的水平最大臂展和安装位置。

5. 上下料机器人系统的末端执行器有很多种类，需要根据工件的不同选择合适的末端执行器，下列哪一选项是针对末端执行器精度的描述？（　　）

A. 如果需要机器人工作快速流畅，那么需要选择载荷比目标工件大一些的机器人和执行器。

B. 选择末端执行器要明确应用场景，首先需要确定工件的外形是否适合夹持或吸取。

C. 末端执行器的精度主要取决于工业机器人，如果能保证机器人的重复精度，那么末端执行器的运动精度是能够满足要求的。

D. 如果工件很薄并且很光滑（如钣金件），而且工件表面和执行器之间的摩擦系数很小，这时就需要考虑机器人在达到最高速度时的惯性。

6. 在选择末端执行器时，除要考虑执行器的成本外，还要考虑腕部和电缆的价格，这些价格通常都是固定的。需要加到总成本里。这是考虑到末端执行器选型的（　　）因素。

A. 成本　　B. 速度　　C. 精度　　D. 载荷

7. 上下料机器人程序中，需要配置控制夹持器松开和夹紧的“夹持器信号 do1”，此信号属于（　　）。

A. 模拟输出信号　　B. 模拟输入信号　　C. 数字输出信号　　D. 数字输入信号

8. 在上下料机器人程序中，机器人返回 HOME 点的程序指令通常写在（　　）中。

A. 主程序　　B. 复位子程序
C. 工件上料子程序　　D. 工件下料子程序

三、判断题

1. 上下料机器人适用于机床、生产线的上下料、工件移位翻转及工件转序等工序。(　)

2. 机器人各关节部分会产生不同的自由度运动，自由度数越多，执行任务时越不灵活，对完成复杂性上下料的任务越没有好处。(　)

3. 上下料机器人控制器的核心是微型计算机，它能完成动作程序、各关节位置的记忆、程序的执行、工作状态的诊断、传感器的信息交流和状态显示等功能。(　)

4. IRB 1600 机器人具有出色的可靠性，即便在恶劣的作业环境下或是要求严格的全天候作业中，该机器人都能应对自如。(　)

5. 品字形上下料工作站可对六台机床进行上下料，上下料机器人系统由四轴龙门式机械手构成，可在 X、Y、Z 轴特定的三维空间内任意运动。(　)

6. 设计上下料程序时，通常需要复位程序、工件上料和工件下料三个子程序。(　)

四、简答题

1. 新兴工业时代，越来越多的工厂选择上下料机器人的原因是什么？

2. 简述上下料机器人程序设计的整体思路。

3. 简述示教上下料机器人程序的注意事项。

4. 结合上下料生产线的实际情况，总结上下料机器人选型的总体原则。

5. 总结上下料生产线的三种布局方式的区别。

项目四　搬运码垛应用实战

项目导读

在工业机器人的广泛应用中，搬运机器人无疑是应用率较高的机器人之一，无论是在工业制造、仓储物流、医药、食品和化工等行业领域，还是在邮局、图书馆、港口码头、机场和停车场等场景，都可以见到搬运机器人的身影。而码垛机器人作为搬运机器人的一种已经越来越普遍地应用在生产作业过程中，用于包装、搬运、码垛、装车及入库等，让生产过程更加顺畅。

项目学习目标

知识目标	能力目标	素养目标
1. 了解搬运码垛机器人的分类及特点 2. 掌握搬运码垛机器人的系统组成及功能 3. 掌握搬运码垛机器人系统的工艺流程、特点及操作步骤 4. 掌握搬运码垛机器人工作环节的基本设计方法 5. 拓展搬运码垛机器人工作环节中的相关工艺知识	1. 通过搬运码垛机器人系统的工艺流程、特点及操作步骤的学习，培养学生科学规范的编程能力 2. 通过对搬运码垛工作站的分析设计，培养学生分析和解决问题的能力 3. 在应用实战过程中，掌握合理利用与支配各类资源的能力 4. 通过拓展搬运码垛机器人系统中的相关工艺知识，培养学生获取信息并利用信息的能力 5. 通过拓展学习，强化学生自我认知、自主学习的能力	1. 在小组合作学习过程中，培养学生的团队协作意识 2. 通过设计搬运码垛工作站，培养学生的创新精神和缜密的科学思维方式 3. 通过搬运码垛应用实战，培养学生建立良好的职业习惯和严谨的工作态度 4. 通过本项目的学习，培养学生严谨求实、精益求精的工匠精神

项目实施

本项目主要分四个任务对搬运码垛工作站的工艺设计进行介绍，学生要在应用实战中明确学习要点，系统地掌握搬运码垛工作站的工艺设计方法。

任务一　搬运码垛机器人认知

工作任务

通过本任务的学习，学生应了解搬运码垛机器人的分类、特点、系统组成及功能等相关基础知识，并能独立介绍搬运码垛机器人系统。

相关知识

搬运码垛机器人已出现在各行各业的搬运工作中，为企业的发展带来了新的契机，可提高搬运的效率和码垛的质量，节约劳动成本，保障企业员工的人身安全。自动高速码垛机器人的应用将会越来越广泛。

一、搬运码垛机器人的分类及特点

1. 搬运机器人的分类

按照结构形式不同，搬运机器人可分为三大类：直角式搬运机器人、关节式搬运机器人和并联式搬运机器人，如图 4-1 所示，其中，关节式搬运机器人又分为水平关节式和垂直关节式。

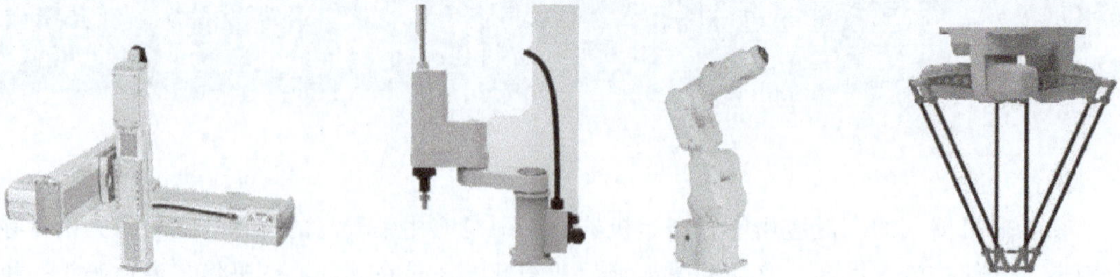

a) 直角式　　b) 关节式　　c) 并联式

图 4-1　搬运机器人的分类

2. 搬运机器人的特点

1）动作稳定，搬运准确性较高。

2）定位准确，可保证批量一致性。

3）能够在有毒、粉尘、辐射等危险环境下作业，可改善工人劳动条件。

4）生产柔性高、适应性强，可实现多形状、不规则物料的搬运。

5）能够部分代替人工操作，且可以进行长期重载作业，生产率高。

6）可降低制造成本，提高生产效益，实现工业自动化生产。

3. 码垛机器人的分类

根据码垛机构的不同，码垛机器人可以分为直角式码垛机器人和关节式码垛机器人，如图 4-2 所示。

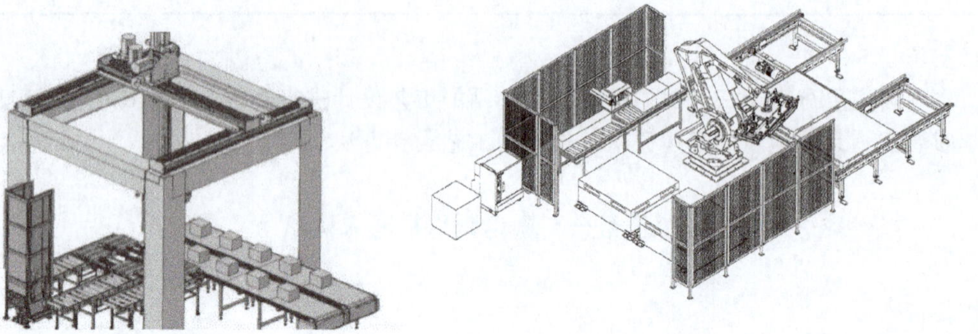

a) 直角式　　b) 关节式

图 4-2　码垛机器人的分类

4. 码垛机器人的特点

1）结构简单，操作方便，易于保养及维修。

2）能耗低，可降低运行成本。

3）占地面积小、工作空间大，场地使用率高。

4）柔性高，可以同时处理多条生产线的不同产品。

5）垛型和码垛层数可任意设置，可使垛型整齐，方便储存及运输。

6）定位准确，稳定性能好。

二、搬运码垛机器人系统的组成

1. 搬运机器人系统的组成

搬运机器人系统主要由机器人本体、控制柜、示教器和搬运作业系统等组成，如图 4-3 所示。搬运机器人通过各个核心组成部分的集成工艺设计，辅以程序编程来完成搬运作业。

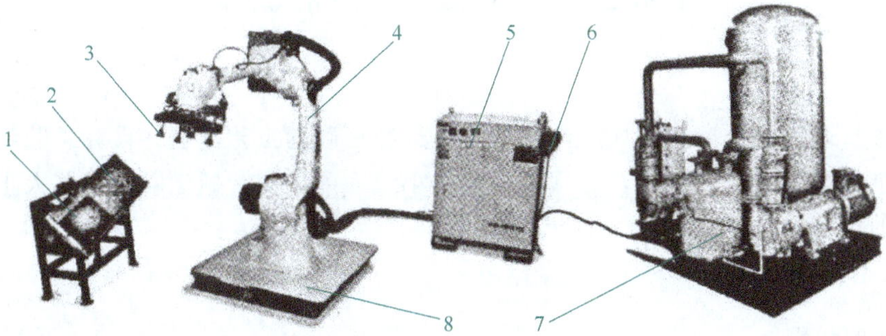

图 4-3 搬运机器人系统的组成

1—工件 2—工件摆放装置 3—末端执行器（吸盘） 4—机器人本体 5—控制柜 6—示教器 7—真空负压站 8—机器人安装平台

搬运作业系统主要由搬运型末端执行器和真空负压站组成。通常生产企业或工厂都会配备大型真空负压站，否则需单独配置真空泵，为整个生产车间提供气源和真空负压。一般由单台或双台真空泵作为获得真空环境的主要设备，以真空罐为真空存储设备，连接电气控制部分，组成真空负压站。双泵工作可加强系统保障。对于频繁使用真空源而所需抽气量不大的场合，真空负压站比直接使用真空泵作为真空源更节约能源，并可有效延长真空泵的使用寿命，提高企业的经济效益。

2. 码垛机器人系统的组成

码垛机器人系统主要由机器人本体、控制柜、示教器和码垛作业系统等组成，如图 4-4 所示。码垛机器人通过各个核心组成部分的集成工艺设计，辅以程序编程，完成码垛作业。

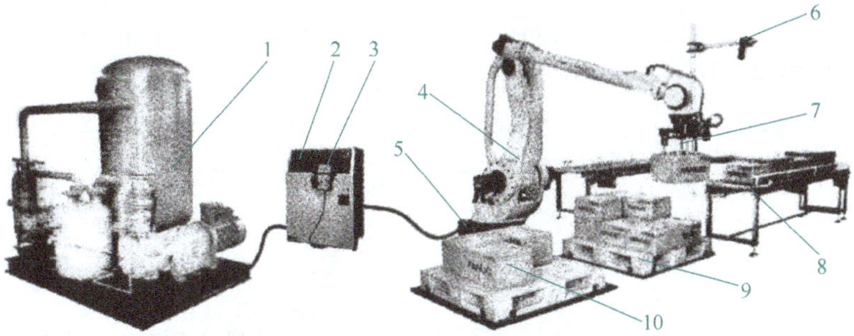

图 4-4 码垛机器人系统的组成

1—真空负压站 2—控制柜 3—示教器 4—机器人本体 5—机器人安装平台 6—视觉系统 7—末端执行器（吸盘） 8—输送系统 9—工件摆放装置（托盘） 10—工件

码垛作业系统主要由同类的搬运型末端执行器、真空负压站和视觉系统组成。码垛机器人在系统组成上，除视觉系统外，与搬运机器人基本相同，此部分可参考搬运机器人的搬运作业系统部分。在执行程序设计上，码垛机器人与搬运机器人的不同之处将在后文中详细描述。

做一做

（1）归纳总结搬运机器人的分类及特性。

（2）简述码垛机器人系统的组成。

任务二　搬运码垛工作站实战案例解析

工作任务

本任务将设计一个搬运码垛工作站，自主选择正确的工艺流程并设计工艺步骤，再根据工艺步骤进行机器人示教编程。尝试以个人或小组为单位设计搬运码垛机器人工作站，并记录所选用的设备及具体参数。

相关知识

一、案例背景

随着科技的进步以及现代化进程的加快，人们对自动化、规模化搬运的要求越来越高，传统的人工码垛只能应用在物料轻便、尺寸和形状变化大、吞吐量小的场合，这已远远不能满足工业的需求，机器人搬运码垛工作站应运而生。

机器人搬运码垛工作站是工作人员的技能延伸和扩展，它可以代替人们在危险、有毒、低温、高温等恶劣环境中工作，帮助人们完成繁重、单调、重复的劳动，提高劳动生产率，保证产品质量。

随着工业 4.0 时代的到来，以工业机器人为代表的智能装备产业已经迎来前所未有的发展机遇，搬运码垛机器人作为生产行业应用最为广泛的工业机器人，有着巨大的发展空间，对相关人才的需求缺口很大，国家迫切需要一大批具备搬运码垛机器人相关知识和技能的应用型人才。

二、案例介绍

本任务将通过一个典型搬运码垛场景的案例，将搬运码垛工艺流程中的选型、设计、编程等相关知识点逐一分解介绍。本案例是通过机器人与传输带配合对一堆无序且装满物料的纸箱进行搬运和码垛。图 4-5 所示为搬运码垛工作站。

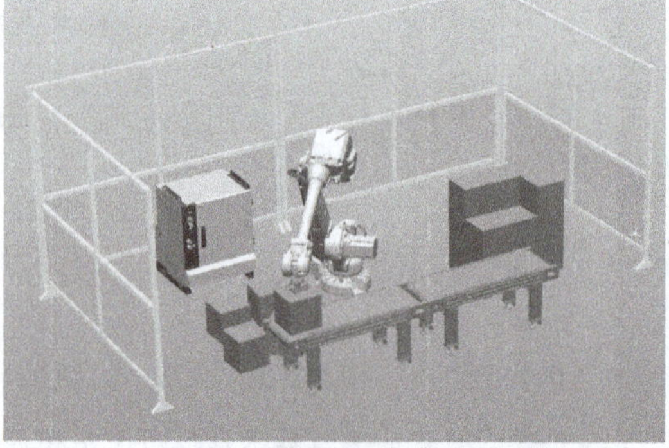

图 4-5　搬运码垛工作站

三、案例学习要点

学习本案例要注意以下学习要点：

1）搬运系统与码垛系统的区别与特点。

2）场景中各设备选型的合理度。

3）加强拓展部分的学习，思考搬运系统与码垛系统工艺流程的优化方案。

四、案例工艺流程

从宏观需求角度来看，搬运码垛工作站实战案例的工艺流程设计将以串行方式实现，从任务分析、设备选型、工艺设计到安装调试等，针对搬运码垛工作站进行设计。具体的工艺流程如图 4-6 所示。

图 4-6 搬运码垛工作站实战案例的工艺流程图

本案例的硬件组成主要包括机器人本体、控制柜、示教盒、末端执行器、进料拖板、传输带、纸箱和出料拖板等。程序设计方面，需要按一定的规律对货物的挪移、摆放进行规划，机器人将货物从进料拖板抓取放在传输带上，启动传输带，将货物输送到传输带末端，机器人将货物抓取，按规律码放在另一侧出料拖板上。

五、案例设备参数

本案例涉及的设备参数见表 4-1。

表 4-1 搬运码垛案例设备参数

设备名称	型号	品牌	设备参数
搬运码垛机器人	ABB IRB 4600	ABB	臂展:2. 55m 负载:40kg
PLC	S7-1214C	西门子	14DI 16DO DC/DC/DC
输送线变频器	G120C	西门子	0. 75kW PROFINET 总线
机器人末端吸盘	ZPT-40-H-A14	SMC	吸盘 ϕ40mm
对射光电传感器	GE6-P1112 GS6-D1311	SICK	DC 24V PNP 输出
真空压力表	DPSN1-10020	亚德客	DC 24V-0. 1-1MPA

六、案例工艺步骤

根据工艺流程制订的具体工艺步骤如下。

1. 搬运码垛机器人配置

PLC 与机器人通过 PROFINET 总线方式进行通信，搬运码垛机器人在控制模块中选配 888-2 PROFINET Controller/Device 功能，配置机器人的 IP 地址及网关，配置机器人 PROFINET 的名称、输入输出字节，完成搬运码垛机器人的配置内容。搬运码垛机器人配置过程如图 4-7 所示。

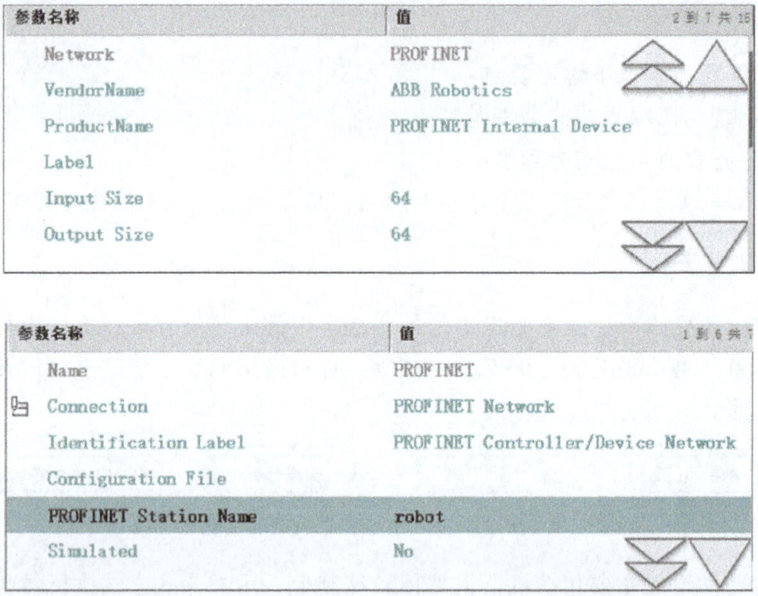

图 4-7 搬运码垛机器人配置

2. PLC 与搬运码垛机器人通信配置

用 PLC 获取搬运码垛机器人对应型号版本的 GSD 配置文件，在博途软件中进行安装，设置 IP 地址、名称，且要与搬运码垛机器人设置的 IP 地址和名称保持一致，完成后给搬运码垛机器人配置 I/O 模块并设置地址。将配置好的文件下载到 PLC，即可实现 PLC 与搬运码垛机器人进行多字节数据的通信功能。PLC 与搬运码垛机器人通信配置过程如图 4-8～图 4-13 所示。

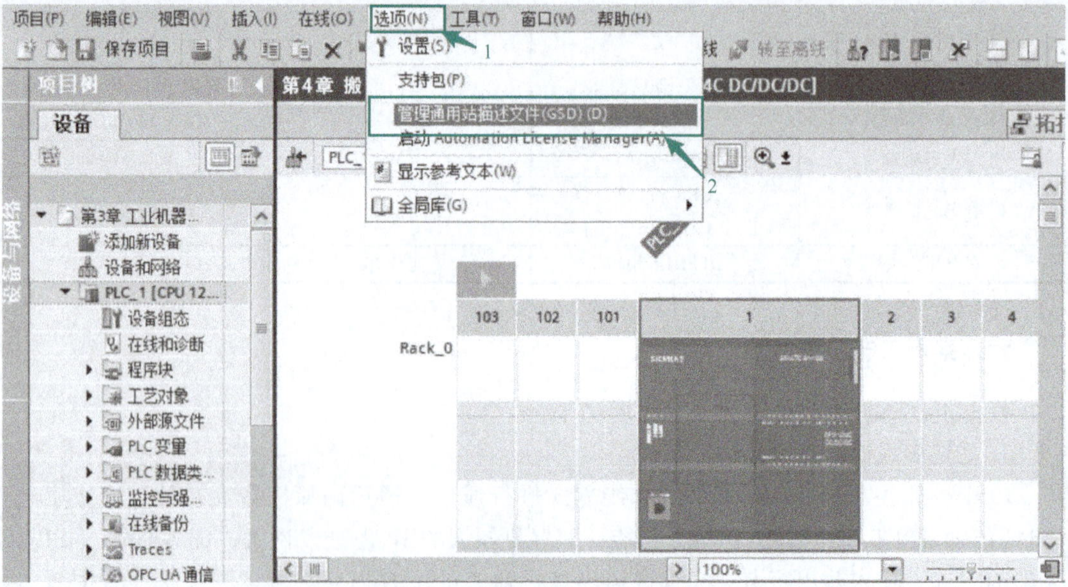

图 4-8 打开配置 GSD 选项功能

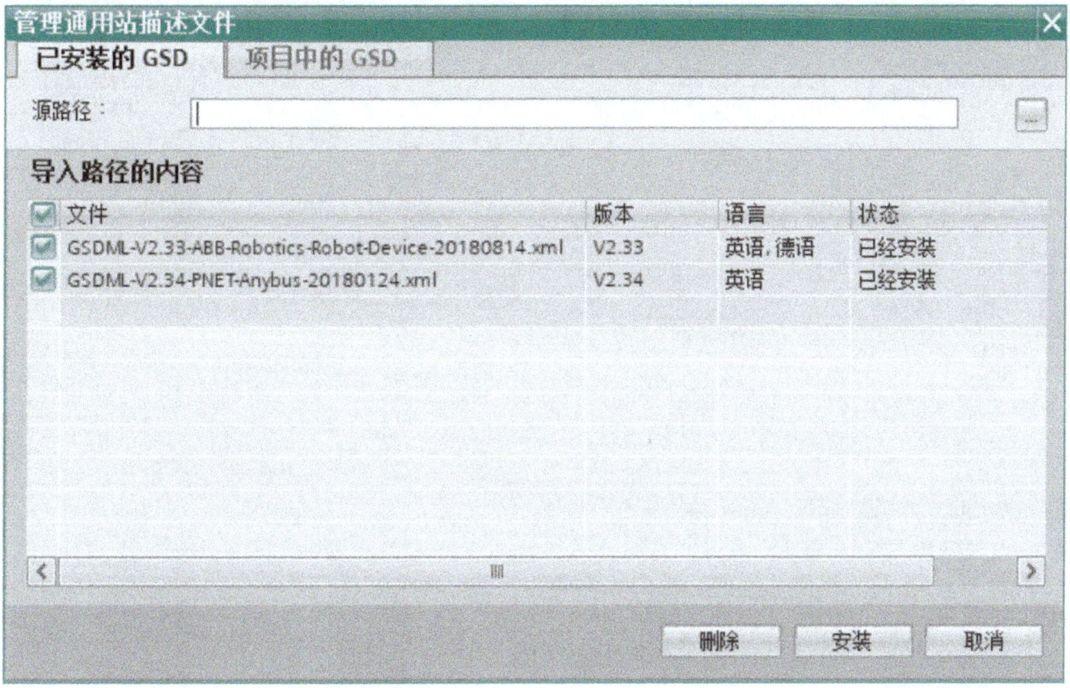

图 4-9 选择需要添加的 GSD 文件

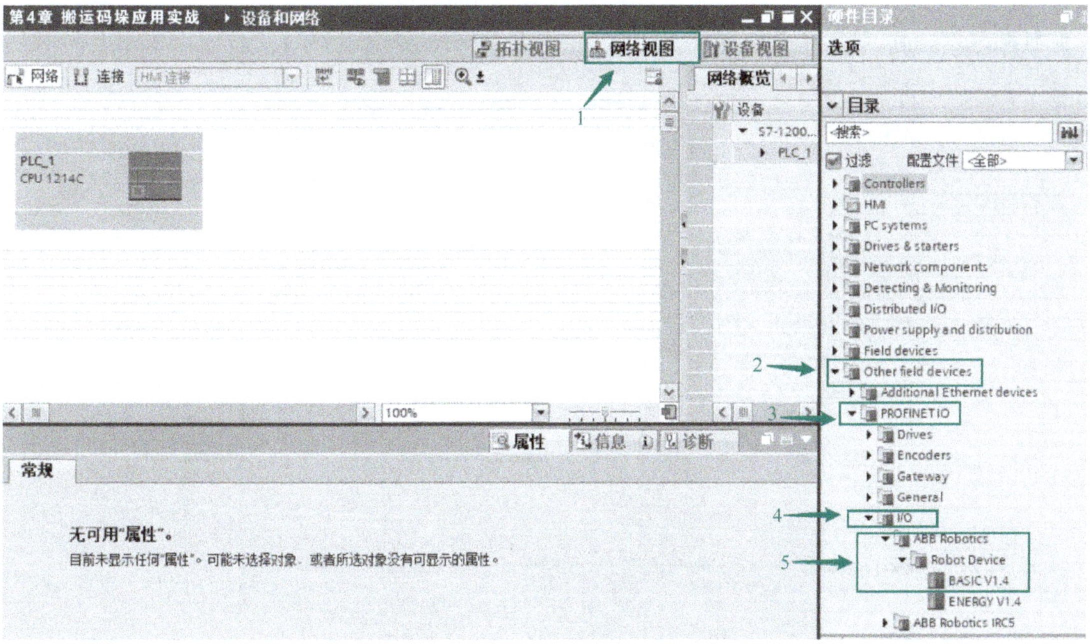

图 4-10 在网络视图中添加机器人设备

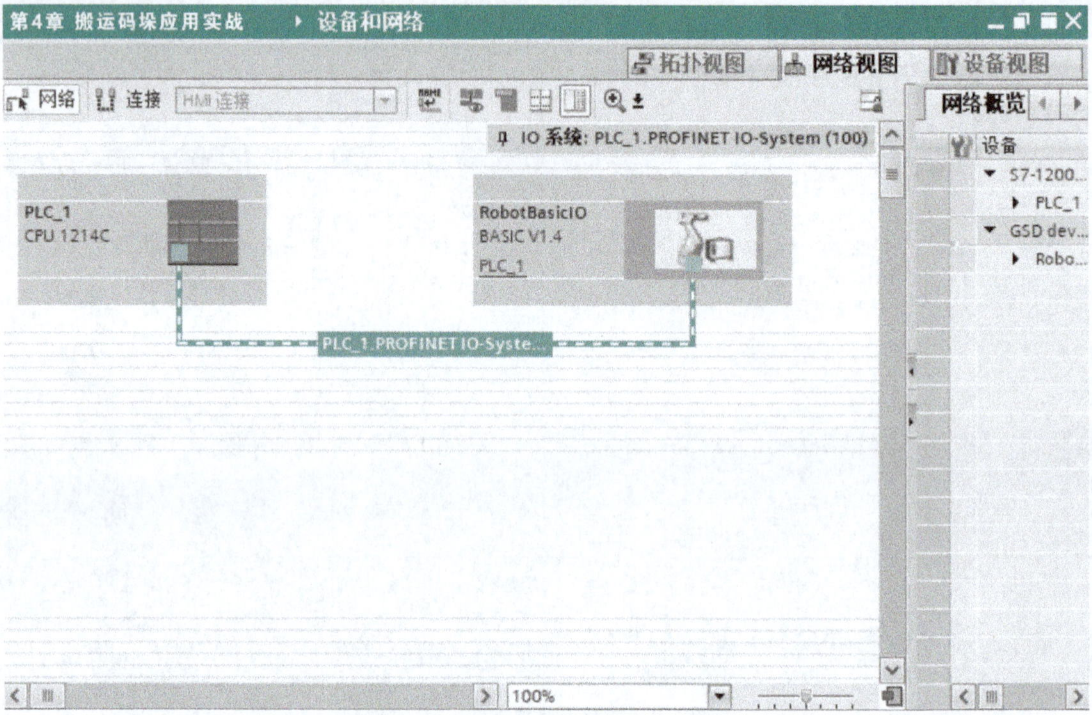

图 4-11 建立机器人与 PLC 之间连接

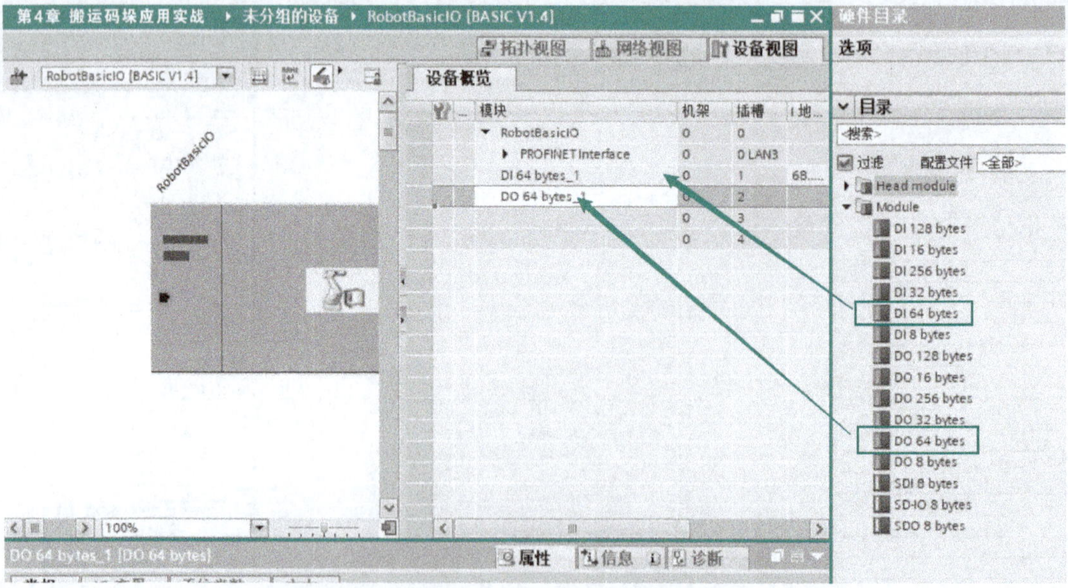

图 4-12 分配与 PLC 信息交互数据区

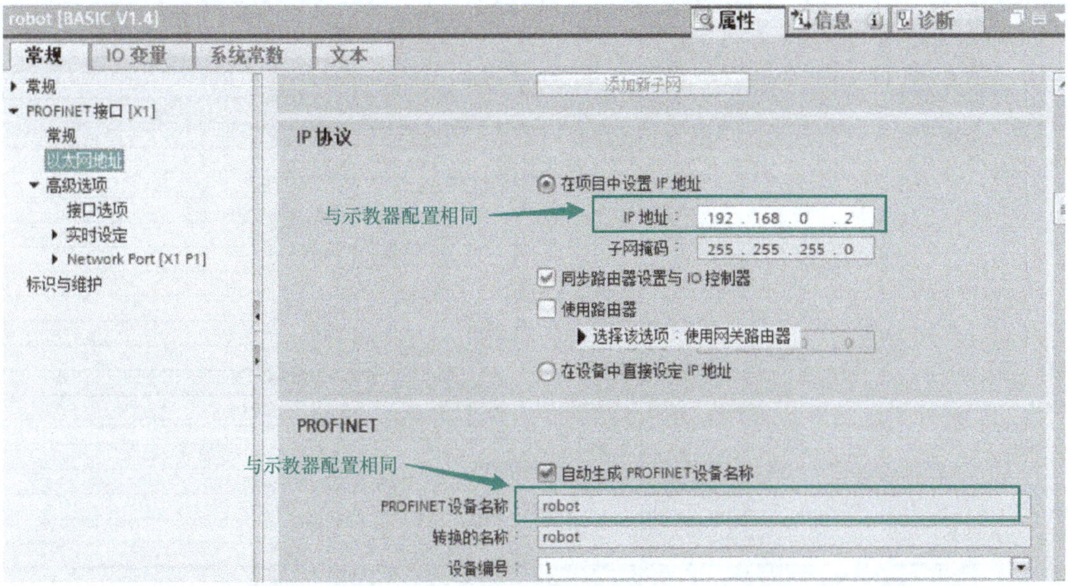

图 4-13 分配机器人 IP 地址和 PROFINET 设备名称

3. PLC 与传输带配置

PLC 通过通信控制总线控制传输带传动机构运行及状态监控。首先组装驱动设备，这里选用西门子 G120C 系列 PN 通信变频器，在通信中配置变频器的 IP 地址、PROFINET 设备名称、通信数据报文。在程序中通过写入控制字控制变频器运行及停止，通过状态字读取变频器的运行状态。PLC 与传输带配置过程如图 4-14~图 4-16 所示。

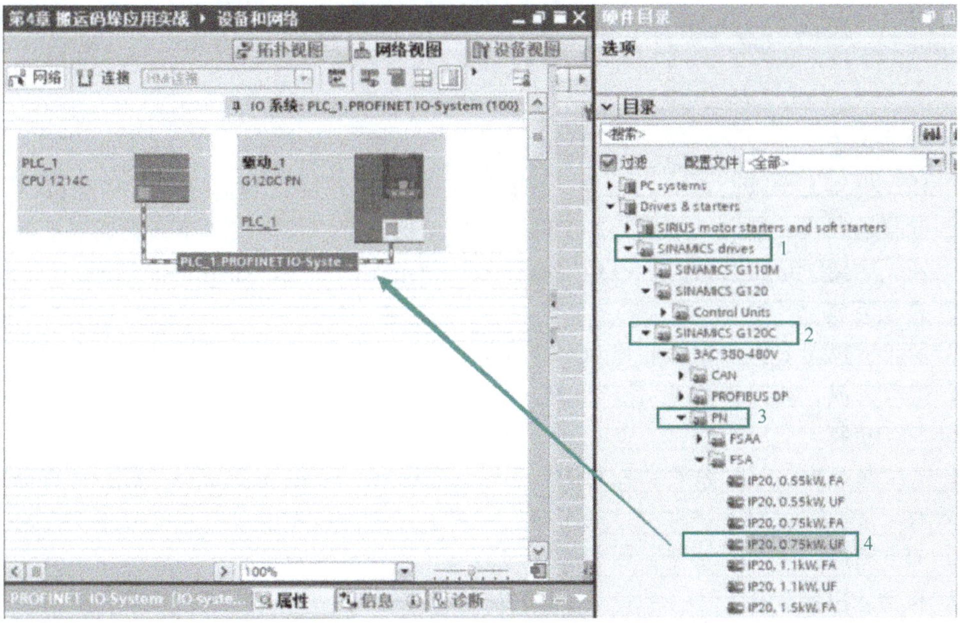

图 4-14 组态 G120C 驱动设备

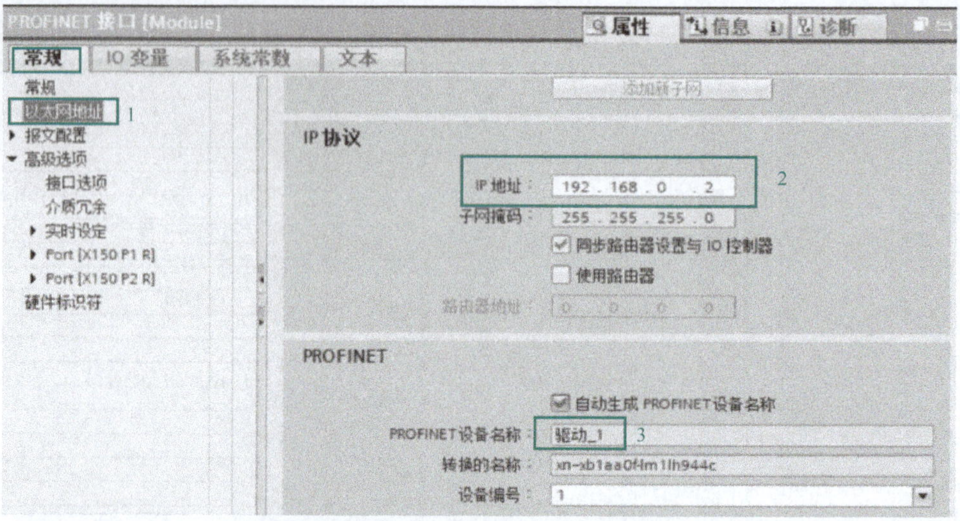

图 4-15　配置 IP 地址及 PROFINET 设备名称

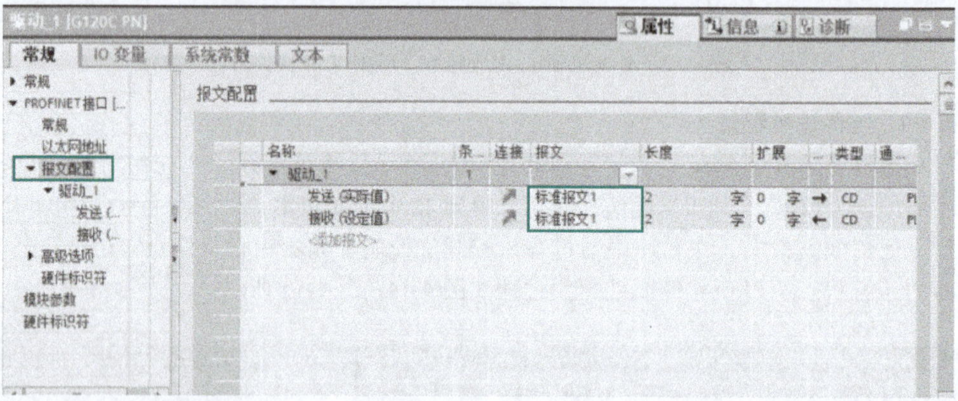

图 4-16　配置通信报文

4. 搬运过程

PLC 向机器人发送搬运码垛指令，当搬运码垛机器人接收到信号后，移动机器人末端吸盘靠近搬运纸箱，开启末端执行器上的真空发生器，真空发生器利用真空抓取纸箱，当内置压力开关达到一定压力值时，PLC 接收信号，判定抓取完成，如图 4-17 所示。

5. 搬运完成

搬运码垛机器人抓取纸箱并移动至传输带，真空发生器停止工作，机器人末端吸盘松开纸箱，搬运完成，如图 4-18 所示。

6. 输送货物

传输带与摩擦轮、张紧轮和托轮间产生较大的摩擦力，电动机经调速器和链传动驱动传输带运动，带动物料到下一工位。纸箱在传输带上停留的位置由对射光电传感器检测，并反馈给 PLC，完成后续指令功能，如图 4-19 所示。

7. 机器人平移量设计

平移是指对象物体从指定位置移动时，对象物体各点均保持等距离移动，在工业机器人指令中通过平移量实现。具体实现方式参考本任务中案例工艺示教部分。

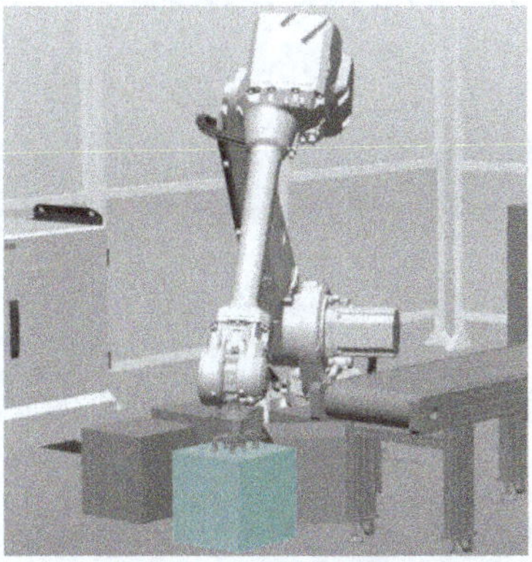

图 4-17 搬运过程

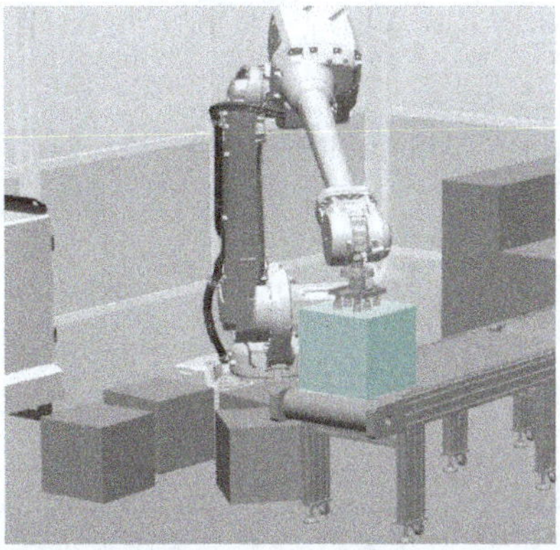

图 4-18 搬运完成

8. 编辑码垛模式的程序内容

常见的机器人码垛方式有四种：重叠式、正反交错式、纵横交错式和旋转交错式，如图 4-20 所示。其中，重叠式是相对应用较多的方式，也是实现最为简单的方式。学生可以通过实训设备尝试实现不同的码垛方式。

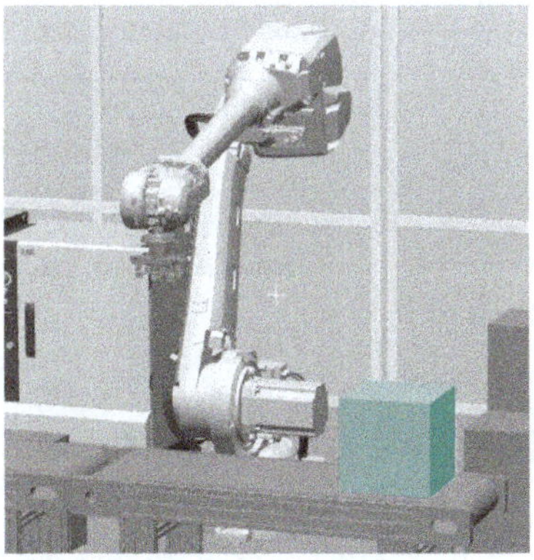

图 4-19 输送货物

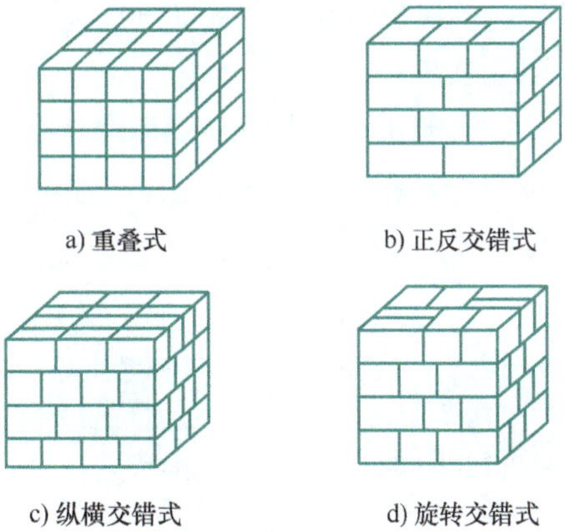

图 4-20 码垛方式

9. 输送完成

当光电开关检测到纸箱且传输带停止运动时，PLC 向搬运码垛机器人发送码垛指令。

10. 码垛开始

搬运码垛机器人接收到 PLC 信号后，移动真空吸盘工具贴近搬运纸箱，开启末端执行器上的真空发生器，真空发生器吸附抓取纸箱，当内置压力开关达到一定压力值时，PLC 接收信号，判定抓取完成，如图 4-21 所示。

11. 码垛结束

搬运码垛机器人按设置好的码垛方式，按顺序依次摆放纸箱，重复上述工艺步骤，直至全部纸箱码放完成，如图 4-22 所示。

七、案例工艺示教

根据上述工艺步骤，进行机器人示教编程。

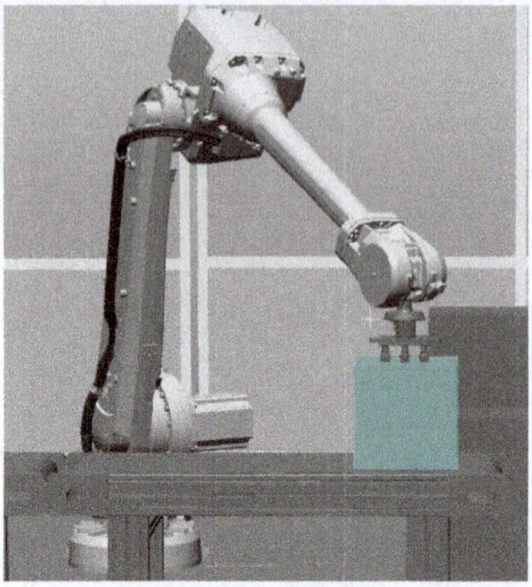

图 4-21　码垛开始

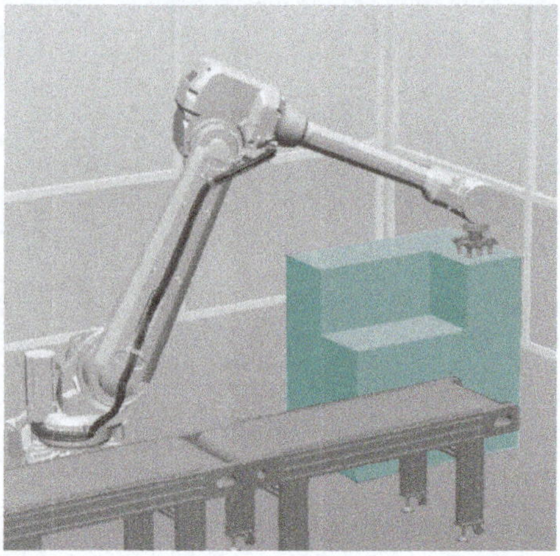

图 4-22　码垛结束

1. 任务描述

在机器人搬运码垛单元中，机器人通过机器人末端吸盘（图 4-23）对工件进行抓取和搬运，通过机器人末端吸盘把工件搬运到传输带上，工件随传输带到达指定位置，机器人再将工件搬运到码垛位置，以此循环，完成全部工件的码垛。

2. 任务实施

（1）设计机器人程序流程（图 4-24）

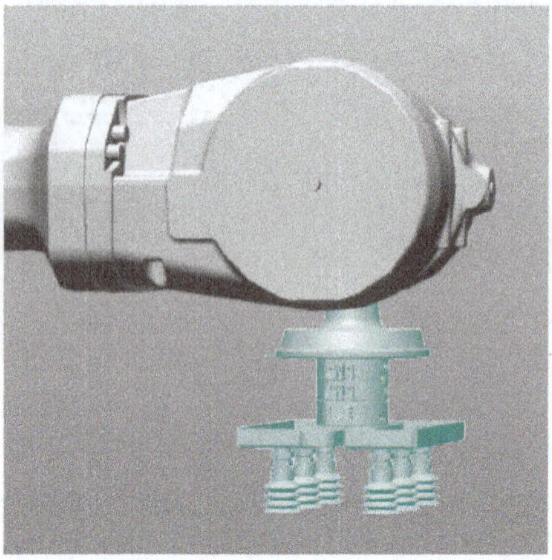

图 4-23　机器人末端吸盘

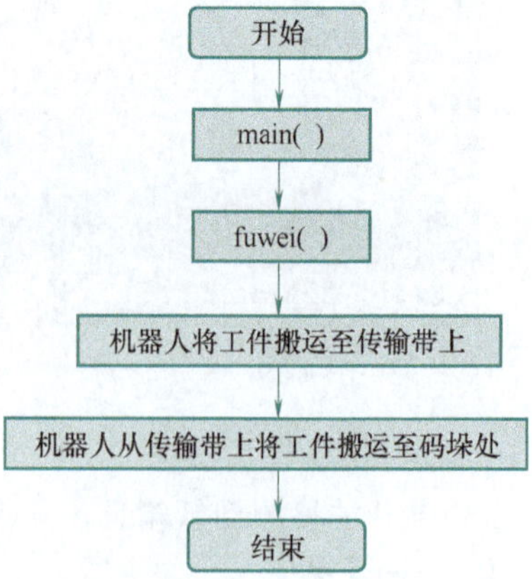

图 4-24　程序流程图

（2）列出机器人运动示教点（表 4-2）

表 4-2　机器人运动示教点

序号	示教点、信号和坐标系	说明	备注
1	banyun_home	机器人原点	须示教
2	banyun_p1	搬运位置上方	须示教
3	banyun_p2	搬运位置	须示教
4	banyun_p3	搬运传输带指定位置上方	须示教

（续）

序号	示教点、信号和坐标系	说明	备注
5	banyun_p4	搬运传输带指定位置	须示教
6	maduo_p1	码垛传输带指定位置上方	须示教
7	maduo_p2	码垛传输带指定位置	须示教
8	maduo_p3	码垛位置上方	须示教
9	maduo_p4	码垛位置	须示教
10	tool1	吸盘工具坐标系	须建立
11	tool0	默认工具坐标系	无须建立
12	wobj0	默认工件坐标系	无须建立
13	do1	吸盘信号	1 为打开
14	offset_z	码垛平移量	须设置

（3）机器人程序设计　机器人程序设计包括：主程序“main（）”、复位程序“fuwei（）”、工件搬运至传输带上程序“banyun（）”和工件搬运至码垛处程序“maduo（）”。

1）编写主程序。参考程序如下：

```
PROC main()
    fuwei; ！调用复位子程序
    banyun; ！调用搬运工件子程序
    maduo; ！调用码垛工件子程序
    fuwei; ！调用复位子程序
ENDPROC
```

2）编写复位程序。在“fuwei（）”程序中，要使机器人回到原点，将所有信号复位。参考程序如下：

```
PROC fuwei()
    Reset do1; ！关闭吸盘信号
    MoveJ banyun_home,v100,fine,Tool0\WObj:=wobj0; ！机器人移动到工作原点
ENDPROC
```

3）编写将工件搬运至传输带上的程序。在“banyun（）”程序中，机器人末端吸盘先移动到搬运位置，通过机器人末端吸盘将工件吸起，再搬运到传输带上。参考程序如下：

```
PROC banyun()
    MoveL banyun_ p1,v100,fine,Tool1\WObj:=wobj0; ！沿直线移动到搬运位置上方
    MoveL banyun_ p2,v100,fine,Tool1\WObj:=wobj0; ！沿直线移动到搬运位置
    Set do1; ！打开吸盘信号
    MoveL banyun_ p3,v100,fine,Tool1\WObj:=wobj0; ！沿直线移动到传输带位置上方
    MoveL banyun_ p4,v100,fine,Tool1\WObj:=wobj0; ！沿直线移动到传输带位置
    Reset do1; ！关闭吸盘信号
ENDPROC
```

4）编写将工件搬运至码垛处的程序。在“maduo（）”程序中，机器人末端吸盘先移

动到传输带上的搬运位置，通过机器人末端吸盘将工件吸起，再搬运到码垛位置上，每次设置平移量后，对所有工件进行有序地码垛。参考程序如下：

PROC maduo( )

MoveL maduo_p1,v100,fine,Tool1\WObj:=wobj0; ！沿直线移动到传输带位置上方

MoveL maduo_p2,v100,fine,Tool1\WObj:=wobj0; ！沿直线移动到传输带位置

Set do1; ！打开吸盘信号

MoveL maduo_p3,v100,fine,Tool1\WObj:=wobj0; ！沿直线移动到码垛位置上方

MoveL maduo_p4,v100,fine,Tool1\WObj:=wobj0; ！沿直线移动到码垛位置，示教完成后注释掉

MoveL offs(maduo_p4,0, 0, offset_z),v100, fine, Tool1\WObj:=wobj0; ！沿直线移动到平移后的码垛位置

Reset do1; ！关闭吸盘信号

ENDPROC

(4) 程序调试 编写完主程序和子程序，并确保所有指令的速度值不能超过 100mm/s 后，进行程序调试。单击“调试”→“PP 移至例行程序…”→“fuwei”→“确定”按钮，程序指针指在“fuwei”程序的第一条语句，如图 4-25 所示。

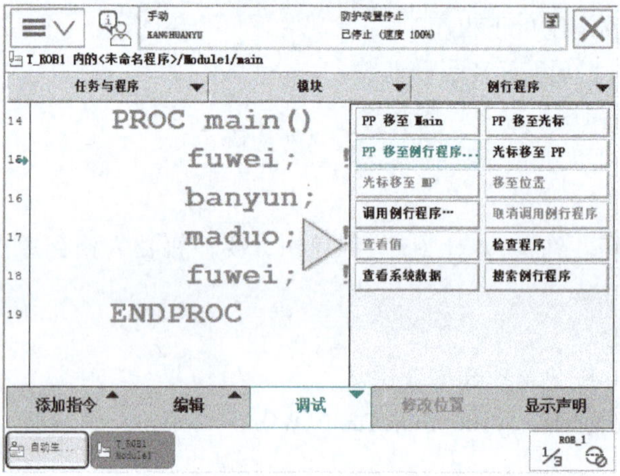

图 4-25 程序调试

做一做

总结示教搬运码垛机器人程序的注意事项。

任务三 搬运工作站分析与设计

工作任务

通过本任务的学习，学生应掌握通过分析正确选择搬运机器人和码垛机器人型号的方法，并根据不同因素选择合适的搬运、码垛机器人末端执行器，最终完成搬运工作站的设计。

相关知识

机器人搬运涉及的场景类型很多，例如冲压、电焊和机床上下料等，只要是机器人需要悬挂负载并在规定的节拍内完成动作的都可以称作搬运项目。但是在搬运项目实施过程中往往会遇到机器人负载不够、机器人动作节拍不够、机器人操作空间不够等问题。

由于自动化生产开发项目很多属于非标项目，生产线建设完成后，核心部件不易更换，所以在设计时需要正确选型。

一、搬运机器人选型

本案例选择的机器人型号为 ABB IRB 4600，这是一款非常高效的通用机器人，为缩短节拍时间进行了优化，其纤巧的机身在高密度的工作单元内游刃有余。ABB IRB 4600 机器人使生产单元布置更紧凑，可实现产能与质量双提升，推动生产率迈上新台阶。ABB IRB 4600 机器人超大的工作范围能实现到达距离、周期时间、辅助设备等诸方面的综合优化。这款机器人可灵活采用落地、斜置、半支架及倒置等安装方式，为模拟最佳工艺布局提供了极大便利。

在选择工业机器人时，为了满足功能要求，必须从可搬运质量、工作空间和自由度等方面来分析，只有它们同时被满足或者在增加辅助装置后才能满足功能要求的情况下，所选用的工业机器人才是可用的。机器人的选型也常受机器人市场供应因素的影响，因此还需考虑市场价格，价格低廉、性能可靠且有较好的售后服务的机器人是应该优先选用的。

以机床搬运机器人选型为例，结合搬运生产线实际情况，总结搬运机器人选型基本方法如下：

1）根据搬运生产线结构与工件加工工艺，初步确定机器人的工位与装机总量。

2）根据工件以及末端执行器的质量、外形尺寸，初步确定机器人的负载选型。

3）根据搬运节拍要求和成本预算，确定机器人的性能参数和工作范围特点，选择机器人与末端执行器的装配方式。

4）根据工件的生产种类和机器人工位，确定末端执行器的总套数和最大尺寸。

5）根据功能布局，确定机器人的水平最大臂展和安装位置。

6）根据机器人的操作空间，确定机器人的实际最大臂展、搬运过程中的最大干涉范围以及机器人的基座高度。

7）根据搬运机器人的末端负载参数，确定机器人的实际承载能力与选型要求是否相符，并在仿真环境下进行机器人搬运轨迹干涉校检，确定机器人的精确位置及运行轨迹。

8）根据应用场景和环境个性化需求与特点，选购或自行开发技术配套单元，配备外围设备单元，并进行编程调试。

二、搬运机器人末端执行器选型与设计

本案例选择的末端执行器型号为 ZPT-40-H-A14。该末端执行器是一种气动装置元件，采用大型垂直真空接管和风琴吸盘。它采用环保铜镀镍材质，以适应更多的工作环境，且耐高温，结构稳定、灵活，设计合理，密封性佳。

1. 末端执行器选型

搬运机器人系统的末端执行器有很多种，需根据工件的不同选择合适的末端执行器，一般依据以下五点来选择。

（1）应用场景　选择末端执行器要明确应用场景，需要确定被处理工件的外形和夹持方式。在工件外形确定后，还需考虑目标工件的材质特点。例如，挡风玻璃的表面虽然很坚硬，但在搬运过程中容易破损，这时需要考虑使用吸盘而不是机械手来搬运。

（2）载荷和夹持力　载荷不仅会影响末端执行器，在质心和刚度要求高的场景下可能还会影响机器人本身的动态特性。如果机器人搬运的工件质量接近机器人末端执行器的最大载荷，将导致机器人移动速度下降、精度偏离以及稳定性下降等。如果有快速性的要求，那么就需要将载荷和扭矩等指标留有一定的安全裕度，选择合适的机器人和末端执行器。

关于夹持力，一方面需要保证可以让工件不致跌落，另一方面需要确保夹持力不会过大，导致工件损坏。

（3）精度　虽然速度和加速度是很多情况下机器人应用的主要需求，但运动的精度也同样重要。由于这些因素很难确定，而且在大量实际应用中可能只是需要末端执行机构有足够的位置精度，因此在选择工业机器人的精度时，通常会直接考虑工业机器人的重复定位精度。同时，末端执行器也有一定的精度指标，所以实际场景中所指的精度主要取决于工业机器人末端精度和末端执行器精度的累加，这也是一般搬运工作站选型中关于精度方面的通用方式。

（4）速度　搬运机器人末端执行器根据速度选型的方法与上下料机器人相同，此处不再赘述。

（5）成本　搬运工作站的成本主要集中于工业机器人本体和末端执行器，两者最好的组合可能并不太经济。在开展集成计划时，需要综合考虑工业机器人本体、末端执行器和配件的价格，做好指标分解，综合考虑各项指标的达成度和总体成本控制的要求。

2. 末端执行器的设计

根据抓取目标的形状、大小等特征，确定完善的抓取方案，选择恰当的驱动方式，设计合理的末端执行器结构，以满足工作需求。

（1）驱动方式的选择　搬运机器人末端执行器根据驱动方式选择的方法与上下料机器人相同，此处不再赘述。

（2）材料的选择　末端执行器的材料选择取决于工作条件及设计、制作的要求，需要综合考虑质量、刚度和阻尼等，以便提高末端执行器的执行能力。

选择轻质材料是减小末端执行器质量的有效途径。由于其各部分承受的载荷不同，所以末端执行器的各部件不宜使用同一种材料。常用的材料有高强度钢、轻合金材料、纤维增强合金、陶瓷和纤维增强复合材料等。依据复合材料原理，末端执行器的各部分根据使用强度的要求选用不同的材料。手指连杆部分可使用碳素钢，以提高其强度；指尖部分为减小质量可使用轻质铝合金。多种材料的结合使末端执行器在减小质量的同时也保证了其工作的可靠性。

（3）结构设计　应根据工件的外形和工作要求，合理设计末端执行器的机械结构，使其更符合实际搬运的要求。

三、码垛机器人选型

本案例选择的机器人型号也为 ABB IRB 4600。选择合适的码垛机器人，通常需要从以下三个方面进行考虑。

1. 额定负载

额定负载也称有效负荷，是指正常作业条件下，工业机器人在规定性能范围内，手腕末端所能承受的最大载荷。如果需要将零件从一个位置搬运至另一个位置，需要将零件的质量和机器人末端执行器的质量计算在额定负载内，同时也要考虑机器人质心部分的变化，必要时需要进行刚度校核，避免偏心情况的发生。

2. 自由度（轴数）

机器人轴的数量决定了其自由度。如果只是进行一些简单的应用，四轴机器人就足够。如果机器人需要在一个狭小的空间内工作，而且机械臂需要扭曲反转，六轴及以上的机器人是最好的选择。轴的数量选择通常取决于具体应用。

3. 最大运动范围

最大垂直运动范围是指垂直方向上，机器人腕部能够到达的最低点（通常低于机器人的基座）与最高点之间的范围。最大水平运动范围是指水平方向上，机器人腕部能够到达的最远点与机器人基座中心线之间的距离。型号规格不同的机器人的最大运动范围区别很大，对一些特定的应用有限制。

通常情况下，根据机器人需要到达的最远距离和最大负载来选择机器人的型号。到达距离越远，负载能力越大，则机器人的成本越高。因此，应根据实际需要对机器人进行选型，在满足实际工况需要的前提下，应尽量选择小型号的机器人。

此外，为确保码垛机器人型号选择准确，用户还需要跟厂家进行良好的沟通，提供准确的参数和使用工况，具体应该注意以下几点：

1）码垛物的数量和要求的码垛速度。

2）作业环境是否有易燃、易爆气体，是否多尘、潮湿。

3）机器人的安装空间尺寸。

四、码垛机器人末端执行器选型

本案例选择的末端执行器型号也为 ZPT-40-H-A14。

码垛机器人末端执行器的选择和设计与搬运机器人末端执行器类似。本任务以纸质包装箱为例，介绍如何正确选择码垛机器人末端执行器。根据分析，典型的全自动纸箱码垛系统主要要求如下：

1）机器人对应两条输出线、两条码垛线。

2）为保证包装箱在机器人搬运过程中的稳定性，不得出现因机器人运行过程产生离心力而造成掉箱或甩箱的现象。因此，对系统中的末端执行器进行正确的选型显得至关重要。

一般地，对箱型对象的搬运都会使用夹板式末端执行器，如图 4-26 所示。

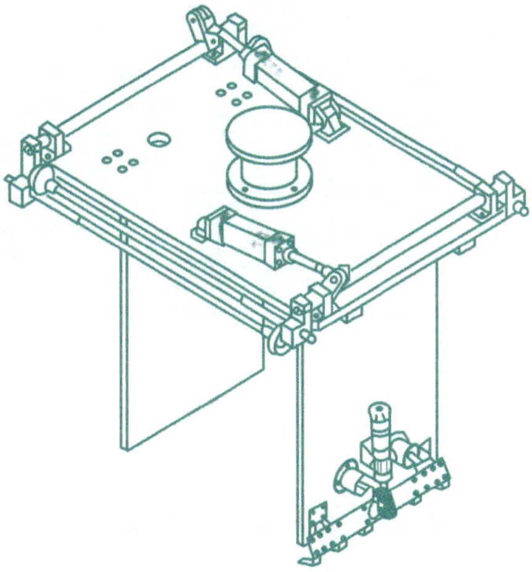

图 4-26 夹板式末端执行器

做一做

1）简述搬运机器人末端执行器选型的五点主要依据。

2）分析并总结码垛机器人选型的决定因素。

任务四　搬运码垛生产线分析与设计

工作任务

通过本任务的学习，学生应掌握搬运机器人与码垛机器人系统，即搬运码垛生产线工位布局的分类、作业特点及应用范围。

相关知识

一、搬运机器人系统工位布局

搬运机器人系统常见的工位布局有 L 形布局、环状布局和一字布局等。

1. L 形布局

L 形布局将搬运机器人安装在龙门架上，使其行走在机床上方，可大幅度节约地面资源，如图 4-27 所示。

图 4-27　L 形布局

2. 环状布局

环状布局又称岛式加工单元，以关节式搬运机器人为中心，机床围绕在其周围形成环状，可进行工件搬运与加工，有利于提高生产率、节约空间，适合小空间厂房作业，如图 4-28 所示。

3. 一字布局

直角桁架机器人通常要求设备呈一字排列，对厂房高度、长度均有一定要求。由于它的运动方式为直线，很难能满足对放置位置等有特殊要求的工件的搬运作业，如图 4-29 所示。

图 4-28　环状布局

图 4-29　一字布局

二、码垛机器人系统工位布局

码垛机器人系统布局以提高生产、节约场地、实现最佳物流码垛为目的。实际生产中，常见的码垛机器人系统布局主要有两种：全面式码垛和集中式码垛。

1. 全面式码垛

码垛机器人安装在生产线末端，可满足一条或两条生产线的使用需求，具有传输线成本低、占地面积小、灵活性好以及生产量高等优点，如图 4-30 所示。

图 4-30 全面式码垛

2. 集中式码垛

码垛机器人被集中安装在某一区域，可将所有生产线集中在一起，虽然传输线成本较高，但可节省生产区域资源、节约人员及维护成本（一人便可完成全部操作），如图 4-31 所示。

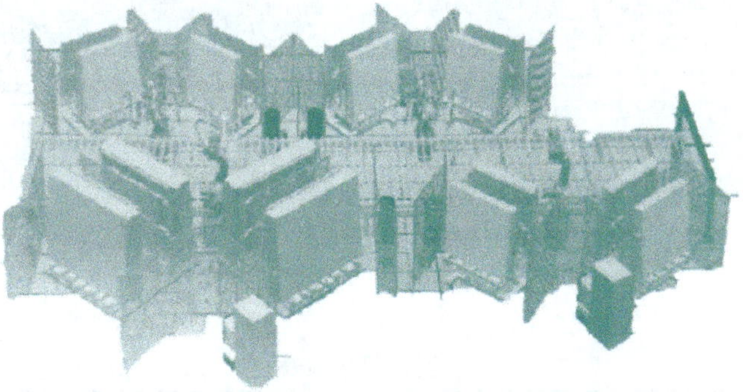

图 4-31 集中式码垛

按码垛进出情况，实际生产中常见的规划有一进一出、一进两出、两进两出和四进四出等形式。

（1）一进一出　一进一出常出现在厂地相对较小、码垛线生产比较繁忙的情况，如图 4-32 所示。此类型的优点是码垛速度较快，托盘分布在机器人左侧或右侧；缺点是需人工换托盘，浪费时间。

（2）一进两出　在一进一出的基础上添加输出托盘，当一侧满盘信号输入时，机器人不会停止等待，而是在另一侧码垛，码垛效率明显提高，如图 4-33 所示。

（3）两进两出　两进两出是用两条输送链输入、两条码垛线输出的。多数两进两出系统不需要人工干预，码垛机器人自动定位摆放托盘。两进两出形式是目前应用最多的一种码垛形式，也是性价比最高的，如图 4-34 所示。

（4）四进四出　四进四出系统多配有自动更换托盘功能，主要用于应对多条生产线中等产量以上的码垛，如图 4-35 所示。

做一做

常见的码垛机器人系统布局主要有两种：全面式码垛和集中式码垛。结合本次任务分析两种布局的特点及区别。

图 4-32　一进一出

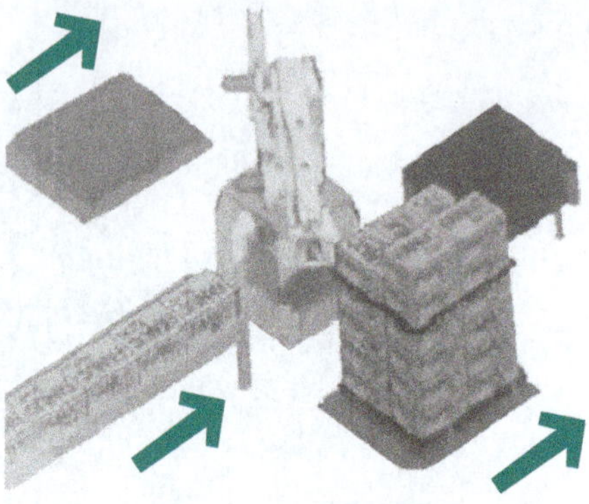

图 4-33　一进两出

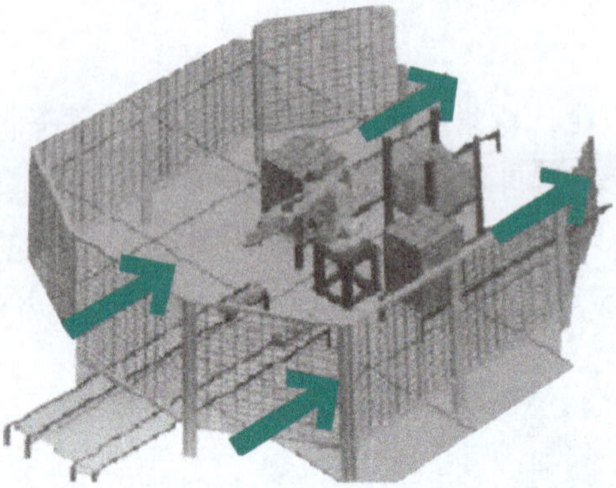

图 4-34　两进两出

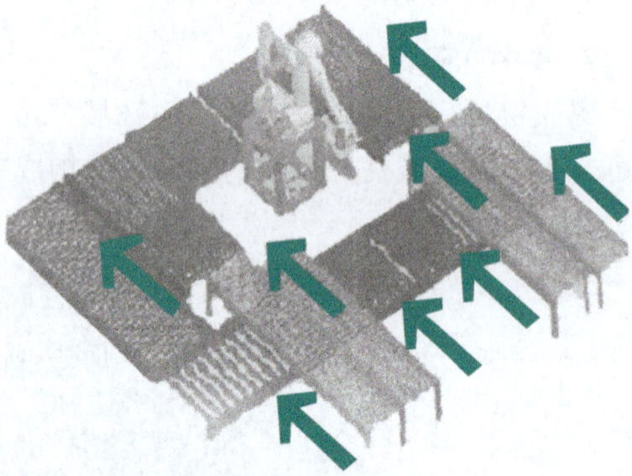

图 4-35　四进四出

项目考核

项目四考核表

考核项目		分值	自评	备注
信息收集	信息收集方法	5		
	信息收集情况	5		
	团队合作	10		
项目实施	搬运码垛机器人介绍	20		
	解析搬运码垛工作站实战案例	20		
	搬运工作站分析与设计	20		
	搬运码垛生产线分析与设计	20		
小计		100		

其他考核

考核人员	分值	评分	存在的问题	解决办法
（指导）教师评价	100			
小组互评	100			
自评成绩	100			
总评	100		总评分成绩 =（指导）教师评价×35% + 小组互评×25%+自评成绩×40%	

项目小结

本项目以智慧工厂中物流转运工作站的搬运码垛过程为工艺案例，系统分析了典型搬运码垛工作站的分类、特点、组成和基本功能，介绍了搬运码垛的工艺流程，解析了工位布局和各部件的选型方法，以案例为基础重点介绍了搬运码垛工作站的设计方法和部分程序代码。

练习题

一、填空题

1. 关节式搬运机器人分＿＿＿＿＿＿和＿＿＿＿＿＿搬运机器人。

2. 根据码垛机构的不同，码垛机器人可以分为＿＿＿＿＿＿机器人和＿＿＿＿＿＿机器人。

3. 末端执行器选型时，＿＿＿＿＿＿和＿＿＿＿＿＿是工业机器人的基本指标之一，可以直接根据要求选型即可。对于搬运工作站，还需要考虑末端执行器的速度、效率和适应性。

4. 末端执行器的材料选择取决于工作条件以及设计、制作的要求，需要综合考虑＿＿＿＿＿＿、＿＿＿＿＿＿和＿＿＿＿＿＿等，以便提高末端执行器的执行能力。

5. 搬运机器人系统常见的工位布局有＿＿＿＿＿＿、＿＿＿＿＿＿和一字布局等。

二、选择题

1. （多选）按照结构形式不同，搬运机器人可分为（　　）。

A. 直角式搬运机器人　　B. 关节式搬运机器人

C. 并联式搬运机器人　　D. 垂直式搬运机器

2. 码垛机器人的特性有（　　）。

A. 结构复杂，虽然操作方便，但不易于保养及维修

B. 能耗高，提高了运行成本

C. 柔性高，不能同时处理多条生产线的不同产品

D. 定位准确，稳定性能好

3. （多选）码垛机器人系统主要由（　　）组成。

A. 操作机　　B. 控制器　　C. 示教器　　D. 码垛作业系统

4. 关于 ABB IRB 4600 搬运机器人说法错误的是（　　）。

A. 该机器人是一款非常高效的通用机器人，为缩短节拍时间进行了优化，其纤巧的机身在高密度的工作单元内游刃有余

B. 可使生产单元布置更紧凑，实现产能与质量双提升，推动生产率迈上新台阶

C. 超大的工作范围能实现到达距离、周期时间和辅助设备等诸方面的综合优化

D. 该机器人不能灵活采用落地、斜置、半支架、倒置等安装方式

5. 末端执行器在材料选择时，由于其各部分承受的载荷不同，因此末端执行器的各部件不宜使用同一种材料。手指连杆部分可使用（　　）以提高其强度。

A. 轻质铝合金　　B. 碳素钢　　C. 陶瓷　　D. 纤维增强合金

6. 一进一出的码垛进出方式的特点是（　　）。

A. 常用于厂地比较大且单一的情况

B. 用于码垛线生产比较繁忙的情况，此类型码垛速度较慢

C. 需人工换托盘，浪费时间

D. 主要用于多条生产线中等产量以上的码垛

7. 搬运机器人程序会将标定后的吸盘坐标系数据保存在程序中，以下参数中代表吸盘的工具坐标系的是（　　）。

A. Tool0　　B. Tool1　　C. Wobj0　　D. Wobj1

8. 码垛机器人程序中，码垛平移量参数的数据类型为（　　）。

A. tooldata　　B. wobjdata　　C. speeddata　　D. num

9. 在正常作业条件下，工业机器人在规定性能范围内，手腕末端所能承受的最大载荷称为（　　）。

A. 正常荷载　　B. 超负载　　C. 额定负载　　D. 最大负载

10. （多选）为确保码垛机器人型号选择准确，用户还需要跟厂家进行良好的沟通，提供准确的参数和使用工况，此时应该注意（　　）。

A. 机器人对应两条输出线、两条码垛线

B. 码垛物的产量，要求的码垛速度

C. 作业环境是否有易燃、易爆气体，是否多尘、潮湿

D. 机器人的安装空间尺寸

三、判断题

1. 搬运作业系统主要由搬运型末端执行器和真空负压站组成。（　　）

2. 选择末端执行器要明确应用场景，确定工件的外形和夹持方式。（　　）

3. 码垛机器人系统布局以提高生产、节约场地、实现最佳物流码垛为目的。实际生产中，常见的码垛机器人系统布局主要有两种：全面式码垛和集中式码垛。（　　）

4. 环状布局以关节式搬运机器人为中心，机床在其周围形成环状，可进行工件搬运加工，有利于提高生产率、节约空间，适合大空间大厂房作业。（　　）

5. 按码垛进出情况，实际生产中常见的规划有一进一出、一进两出、两进两出、三进三出和四进四出等形式。（　　）

6. 根据码垛的实际位置，通常在码垛程序中可以示教一个码垛点位，再配置一个平移量参数，以此来满足各个位置的可达性。（　　）

7. 通常情况下，根据工业机器人需要到达的最远距离和最大负载来选择机器人的型号。到达距离越远，负载能力越大，则机器人的成本越高。（　　）

四、简答题

1. 搬运机器人的特性有哪些？

2. 简述搬运码垛机器人程序设计的整体思路。

3. 总结示教搬运码垛机器人程序的注意事项。

4. 搬运机器人系统常见的工位布局有 L 形布局、环状布局和一字布局等，结合已掌握的知识说一说它们的特点。

5. 在所有生产线集中在一起，节省生产区域资源、节约人员及维护成本（一人便可全部操作）的情况下，最好采用哪种码垛方式？常见的规划有哪几种形式？

ROBOT

项目五 焊接应用实战

项目导读

焊接机器人是指从事焊接作业的工业机器人，它能够按作业要求（如轨迹、速度等）装配焊接工具移动到指定位置，并完成相应的焊接作业。大部分焊接机器人是由通用工业机器人配置某种焊接设备构成的，只有少数焊接机器人是为某种焊接方式专门设计的。焊接机器人在工业机器人应用比例中占40%~60%，广泛应用于汽车、土木建筑、航天、船舶、机械加工及电子等领域。

项目学习目标

知识目标	能力目标	素养目标
1. 了解焊接机器人的分类及特点 2. 掌握焊接机器人的系统组成及功能 3. 掌握焊接机器人系统的工艺流程、特点及操作步骤 4. 掌握焊接机器人工作环节的基本设计方法 5. 拓展焊接机器人工作环节中的相关工艺知识	1. 通过焊接机器人系统的工艺流程、特点及操作步骤的学习，学生应掌握科学规范的编程能力 2. 通过对焊接工作站的分析与设计，培养学生分析问题和解决问题的能力 3. 在应用实战过程中，掌握合理利用与支配各类资源的能力 4. 通过拓展焊接机器人系统中的相关工艺知识，培养学生获取信息并利用信息的能力 5. 通过拓展学习，强化学生自我认知、自主学习的能力	1. 在小组合作学习过程中，培养学生的团队协作意识 2. 通过设计焊接工作站，培养学生的创新精神和缜密的科学思维方式 3. 通过焊接应用实战，培养学生建立良好的职业习惯和严谨的工作态度 4. 通过本项目的学习，培养学生严谨求实、精益求精的工匠精神

项目实施

本项目主要分四个任务对焊接工作站的工艺设计进行介绍，学生要在应用实战中明确学习要点，系统地掌握焊接工作站的工艺设计方法。

任务一 焊接机器人认知

工作任务

通过本任务的学习，学生应了解焊接机器人的分类、特点、系统组成及功能等相关基础知识，并能独立介绍焊接机器人系统。

相关知识

焊接机器人是一种高度自动化的焊接设备，采用机器人代替手工焊接作业是焊接制造业的发展趋势，也是提高焊接质量、降低成本及改善工作环境的重要手段。采用机器人进行焊接，只有一台机器人是不够的，还必须配备外围设备，即组成工作站系统。

焊接机器人工作站系统广泛用于汽车及其零部件制造、摩托车、工程机械、航空航天以及化工等行业。

一、焊接机器人的分类及特点

1. 焊接机器人的分类

按结构特点的不同，焊接机器人主要分为四类：直角坐标型机器人、圆柱坐标型机器人、极坐标型机器人和关节型机器人。目前，实际应用中基本上都是关节型机器人，绝大多数为六轴工业机器人。

按焊接工艺的不同，焊接机器人主要分为三类：点焊机器人、弧焊机器人和激光焊接机器人，如图 5-1 所示。本任务将详细介绍弧焊机器人。

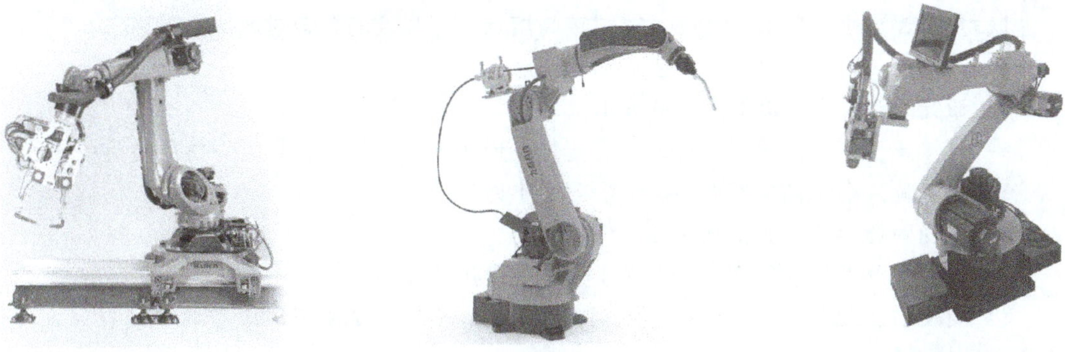

a) 点焊机器人　　b) 弧焊机器人　　c) 激光焊接机器人

图 5-1　焊接机器人的分类

（1）点焊机器人　点焊机器人是用于自动点焊作业的工业机器人，其末端执行器为焊钳，如图 5-2 所示。

图 5-2　点焊机器人焊接作业

点焊是电阻焊的一种。所谓电阻焊是指通过焊接设备的电极施加压力，并在接通电源时，在工件接触点及邻近区域产生电阻热来加热工件，在外力作用下完成工件的连接。因此，点焊比较适合薄板焊接，如汽车车身焊接、车门框架定位焊接等。点焊只需要点位控制，因此使用工业机器人执行动作进行点焊的路径相对简单。

点焊机器人的负载能力要求较高，而且在点与点之间的移动速度要快，动作要平稳，定位要准确，以便于减少移位时间，提高工作效率。另外，点焊机器人在点焊作业过程中要保证焊钳能自由移动，可以灵活变动姿态，同时电缆不能与周边设备产生干涉。点焊机器人还应具有报警系统，如果在示教过程中操作者有错误操作或者在再现作业过程中出现某种故障，点焊机器人的控制器会发出警报，自动停机并显示错误或故障的类型。

（2）弧焊机器人　弧焊机器人是指用于自动弧焊作业的工业机器人，其末端执行器是弧焊作业用的各种焊枪，如图 5-3 所示。在工业生产应用中，弧焊机器人的作业类型包括熔化极气体保护焊和非熔化极气体保护焊两种。

（3）激光焊接机器人　激光焊接机器人是指用于激光焊接自动作业的工业机器人，能够实现更加柔性的激光焊接作业，其末端执行器是激光加工头，如图 5-4 所示。

传统的焊接由于热输入极大，会导致工件扭曲变形，从而需要大量后续加工手段来弥补此变形，导致成本增加。而采用全自动的激光焊接技术可以极大地减小工件变形，提高焊接产品的质量。激光焊接属于熔融焊接，将高强度的激光束辐射至金属表面，通过激光与金属的相互作用，即金属吸收激光转化为热能，使金属熔化后冷却结晶形成连接。激光焊接过程中不需要加压，但需要使用惰性气体，以防熔池氧化。

激光焊接的特点如下：

1）焦点光斑小、功率密度高，能焊接高熔点、高强度的合金材料。

2）无需电极，没有电极污染或受损的顾虑。

3）激光焊接可大幅降低工件的变形。

4）焊接速度快、功效高，可进行任何复杂形状工件的焊接，且可焊材质种类范围广。

5）热影响区小、材料变形小，无需后续工序。

6）不受磁场影响，能精确对准工件。

7）工件位置需非常精确，务必在激光束的聚焦范围内。

8）高反射性及高导热性材料（如铝、铜及其合金等）的焊接性会受激光所影响而发生改变。

由于激光焊接具有能量密度高、变形小、焊接速度快、无后续加工的优点，因此激光焊接机器人广泛应用于汽车、航天航空、国防工业、造船、海洋工程以及核电设备等领域，非常适合大规模生产线和柔性制造。

图 5-3　弧焊机器人焊接作业

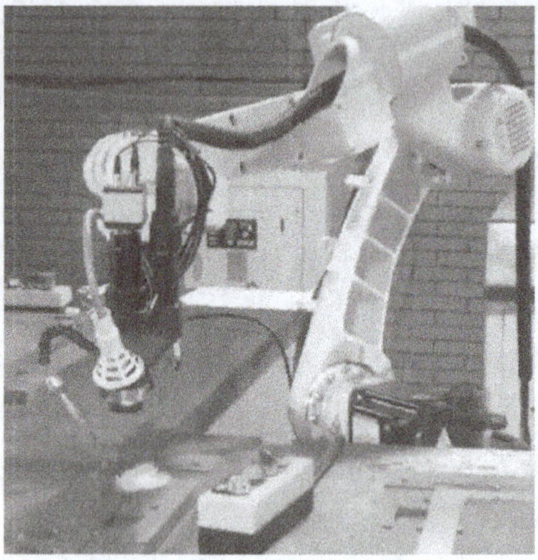

图 5-4　激光焊接机器人焊接作业

2. 焊接机器人的特点

焊接机器人是由计算机控制的、具有高度柔性的可编程自动化设备。焊接机器人具有以下特点：

1）焊接机器人能适应产品多样化、柔性化的特点，在一条生产线上可以混流生产若干种类型的产品。同时，对于生产量的变动和型号的更改，通过对焊接机器人的重新示教编程，能够实现并改进生产线的编组更替，发挥长期效果，这是常规的专用自动化生产线不能比拟的。

2）使用焊接机器人可提高产品质量。为了使焊接作业机器人化，需要改变装配方法和加工工序，因此要提高诸如供给设备的零部件、夹具和搬运工具等的精度，这些关系到产品的精度和焊接的质量。

3）使用焊接机器人可提高生产率。焊接机器人的作业效率不随作业者变动，可以稳定生产计划，从而提高生产率。

4）焊接机器人能够在有害、恶劣的环境下作业，改善工人劳动条件。

5）焊接机器人可降低对工人操作技术的要求，且可以进行连续作业，生产率高。

6）焊接机器人可实现小批量产品的焊接自动化生产。

7）焊接机器人能够缩短产品更新换代的准备周期，减少相应的设备投资，提高企业利润。

二、焊接机器人系统的组成及功能

下面以弧焊机器人为例进行介绍。

弧焊机器人系统主要由机器人本体、控制柜、示教器和弧焊作业系统等组成，如图 5-5 所示。其中，弧焊作业系统主要由焊枪、弧焊电源、送丝机、保护气瓶总成和焊丝盘架（焊丝桶）组成。

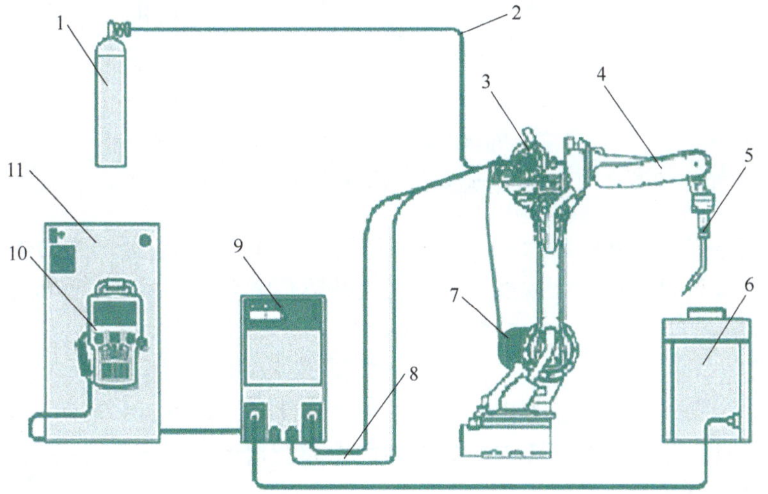

图 5-5 弧焊机器人系统组成

1—保护气瓶总成 2—保护气软管 3—送丝机 4—机器人本体 5—焊枪 6—变位机
7—焊丝盘架 8—供电及控制电缆 9—弧焊电源 10—示教器 11—控制柜

1. 焊枪

焊枪是在弧焊过程中执行焊接操作的部件。它与送丝机连接，通过接通电源，将弧焊电流产生的热量聚集在末端，用来熔化焊丝，而熔化的焊丝渗透到需要焊接的部位，冷却后，被焊接的工件可牢固地连接在一起。

焊枪一般由喷嘴、导电嘴、气体分流器、喷嘴接头（焊钳）和枪管（枪颈）等部分组成，如图 5-6 所示。其中，导电嘴装在焊枪的出口处，能够将电流稳定地导向电弧区。导电嘴的孔径和长度因焊丝直径的不同而不同。喷嘴是焊枪的重要部件，其作用是向焊接区域输送保护气体，防止焊丝末端、电弧和熔池与空气接触。

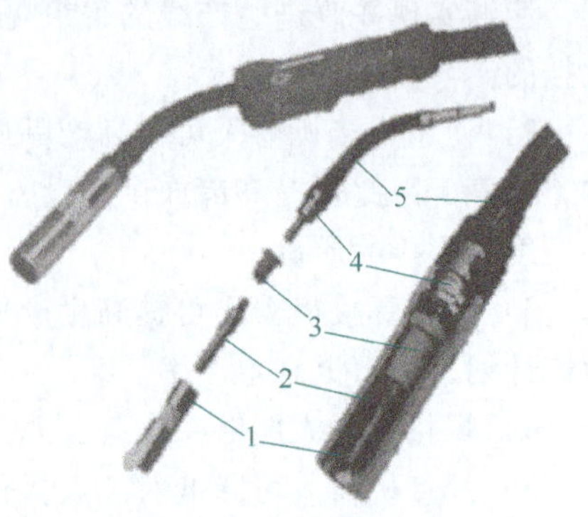

图 5-6　焊枪的结构

1—喷嘴　2—导电嘴　3—气体分流器　4—喷嘴接头　5—枪管

有时在机器人的焊枪把持架上配备防撞传感器，其作用是当机器人运动时，万一焊枪碰到障碍物，能立即使机器人停止运动，避免损坏焊枪或机器人。

焊枪的种类很多，可根据焊接工艺的不同，选择相应的焊枪。如图 5-7 所示，焊枪的分类如下：

1）根据冷却形式，焊枪可分为空冷式和水冷式两种。

2）根据机器人结构，焊枪可分为内置式和外置式两种。

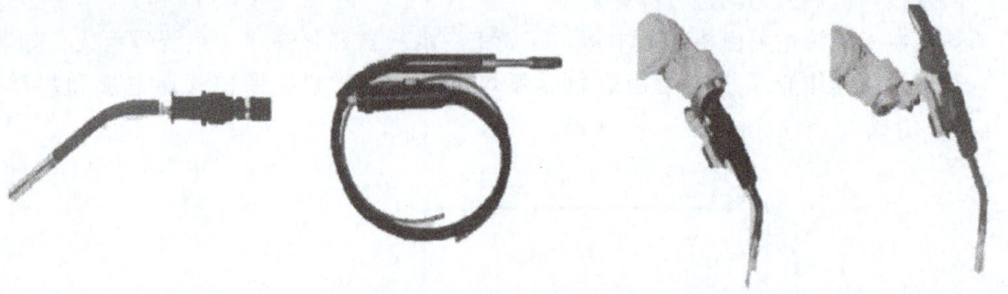

a) 空冷式　　b) 水冷式　　c) 内置式　　d) 外置式

图 5-7　焊枪的分类

其中，焊接电流在 500A 以下的焊枪一般采用空冷式。而超过 500A 的焊枪，一般采用水冷式。内置式焊枪要求机器人末端的连接法兰必须是中空的，而通用型机器人通常选择外置式焊枪。

2. 弧焊电源

弧焊电源是用来对焊接电弧提供电能的一种专用设备，如图 5-8 所示。弧焊电源的负载是电弧，它必须具有弧焊工艺所要求的电气性能，如合适的空载电压、一定形状的外特性、良好的动态特性和灵活的调节特性等。

弧焊电源的分类如下：

1）按输出电流可分为直流、交流和脉冲三种。

2）按输出外特性特征可分为恒流特性、恒压特性和缓降特性（介于恒流特性与恒压特性两者之间）三种。

熔化极气体保护焊的焊接电源通常有直流和脉冲两种，一般不使用交流电源。

为了安全起见，每个焊接电源均须安装无保险管的断路器或带保险管的开关；母材侧电源电缆必须使用焊接专用电缆，并避免电缆盘卷，否则因线圈的电感储存电磁能量，二次侧切断时会产生巨大的电压突波，从而导致电源出现故障。

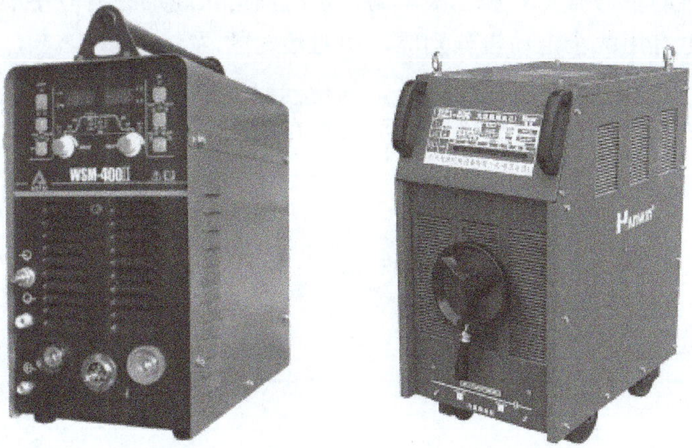

图 5-8 弧焊电源

3. 送丝机

送丝机是为焊枪自动输送焊丝的装置，一般安装在机器人第 3 轴上，由送丝电动机、加压控制柄、送丝滚轮、送丝导向管接头和加压滚轮等组成，如图 5-9 所示。

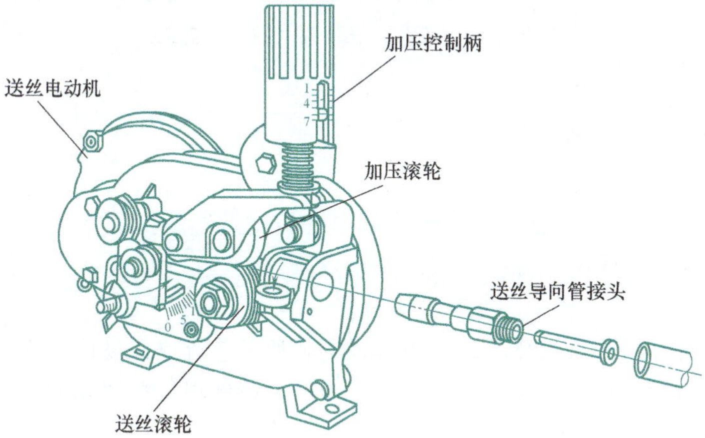

图 5-9 送丝机的组成

送丝电动机驱动送丝滚轮旋转，为送丝提供动力。加压滚轮将焊丝压入送丝滚轮上的送丝槽内，增大焊丝与送丝滚轮的摩擦，将焊丝修整平直，平稳送出，使进入焊枪的焊丝在焊接过程中不会出现卡丝现象。根据焊丝直径的不同，调节加压控制手柄可以调节压紧力的大小。而送丝滚轮的送丝槽一般有 ϕ0.8mm、ϕ1.0mm、ϕ1.2mm 三种规格，应按照焊丝的直径选择相应的输送滚轮。

送丝机的分类如下：

1）按照送丝形式可分为推丝式、拉丝式和推拉丝式三种。

2）按送丝滚轮数可分为一对滚轮式和两对滚轮式。

推丝式送丝机主要用于直径为 0.8~2.0mm 的焊丝，是应用最广的送丝机。拉丝式送丝机主要用于细焊丝（焊丝直径小于或等于 0.8mm），因为细焊丝刚性小，推丝过程易变形、难以推丝。推拉丝式送丝机既有推丝机，又有拉丝机，但由于结构复杂、调整麻烦，实际应用并不多。送丝机的结构有一对送丝滚轮的，也有两对滚轮的；有只用一个电动机驱动一对或两对滚轮的，也有用两个电动机分别驱动两对滚轮的。

4. **焊丝盘架**

焊丝盘架可装在机器人第 1 轴上，也可放置在地面上。焊丝盘架用于固定焊丝盘，如图 5-10 所示。

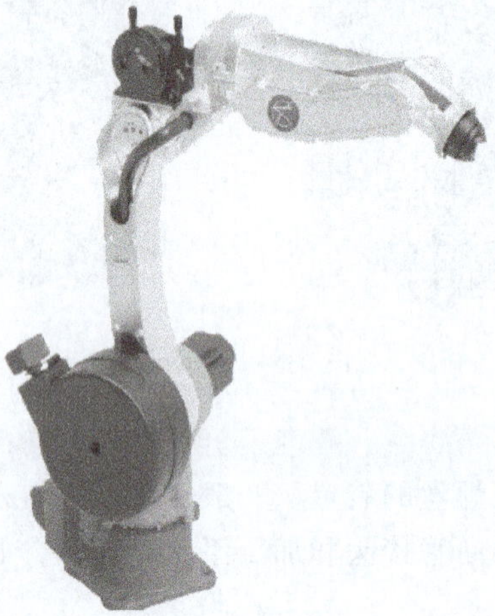

图 5-10　安装在机器人上的焊丝盘架

做一做

简述焊接机器人的分类及特点。

任务二　焊接工作站实战案例解析

工作任务

本任务将设计一个焊接工作站，自主选择正确的工艺流程并设计工艺步骤，再根据工艺步骤进行机器人示教编程。尝试以个人或小组为单位设计焊接机器人工作站并记录所选用的设备及具体参数。

相关知识

一、案例背景

焊接在汽车制造、工程机械等行业中占有重要的地位。过去采用人工操作焊接，焊接时的电弧、火花及烟雾等对人体会造成伤害。焊接制造工艺的复杂性以及对劳动强度、产品质量和批量等方面的要求，使焊接工艺对于自动化、机械化的要求极为迫切，实现机器人自动焊接代替人工操作焊接成为几代焊接人的理想和追求目标。焊接机器人是焊接自动化的革命性进步，它突破了焊接刚性自动化的传统方式，开拓了一种柔性自动化生产方式。

二、案例介绍

本任务为焊接工作站案例解析，如图 5-11 所示。其中，焊接机器人通过与其他系统协作配合，可以完成半成品金属件的焊接加工。

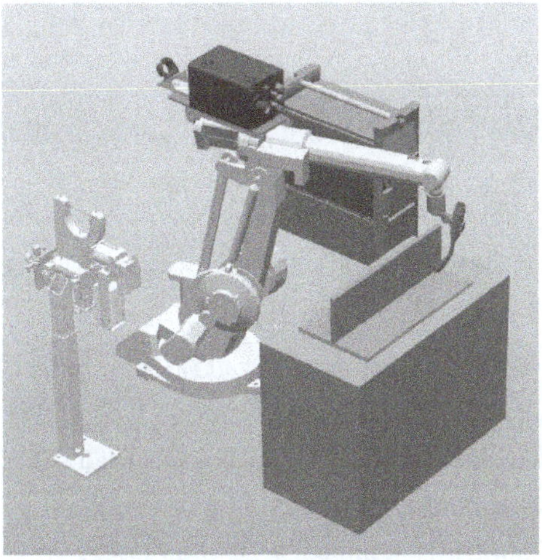

图 5-11 焊接工作站

三、案例学习要点

学习本案例要注意以下学习要点：

1）系统参数配置的合理性。

2）焊接工艺相对复杂，注意各系统之间的衔接与配合。

3）注意焊接单元各个模块之间的完整性与结构性，保证系统运行的合理与流畅。

四、案例工艺流程

从宏观需求角度，焊接工作站实战案例的工艺流程设计以串行方式实现，具体的工艺流程如图 5-12 所示。

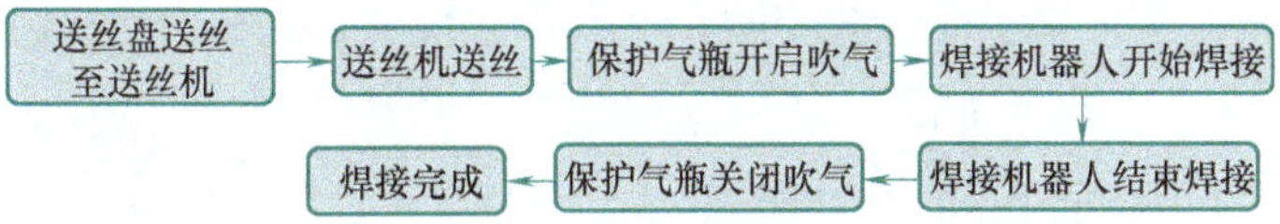

图 5-12 焊接工作站实战案例工艺流程图

配置好各系统参数，焊接机器人运行焊接指令，送丝盘与送丝机启动并开始送丝，同时保护气瓶开启吹气，焊接机器人按程序轨迹开始焊接。焊接机器人结束焊接后，保护气体应持续吹送一段时间再关闭，以保护焊接件，焊接完成。

五、案例设备参数

本案例涉及的设备参数见表 5-1。

表 5-1 焊接工作站案例设备参数

设备名称	型号	品牌	设备参数
焊接机器人	ABB IRB 1410	ABB	臂展：1.44m 负载：5kg
PLC	S7-1214C	西门子	14DI 16DO DC/DC/DC
末端弧焊焊枪	MTG4000	福尼斯	—

六、案例工艺步骤

根据本案例工艺流程制订的具体工艺步骤如下。

1. 机器人系统配置

焊接机器人系统配置（图 5-13）如下：

1）Industrial Networks：709-1 DeviceNet Master/Slave，DeviceNet 通信 I/O 模块。

2）Motion Events：608-1 World Zones，机器人工作区监控。

3）Motion Functions：611-1 Path Recovery，机器人路径恢复。

4）Motion Supervision：613-1 Collision Detection，机器人碰撞检测。

5）Engineering Tools：624-1 Continuous Application Platform，机器人系统连续应用平台。

6）Arc：633-4 Arc，机器人弧焊焊接工艺应用。

7）Power source：Standard I/O Welder，标准 I/O 信号接口类型弧焊焊接电源。

8）Application Production Manager：812-1 Production Manager，生产管理。

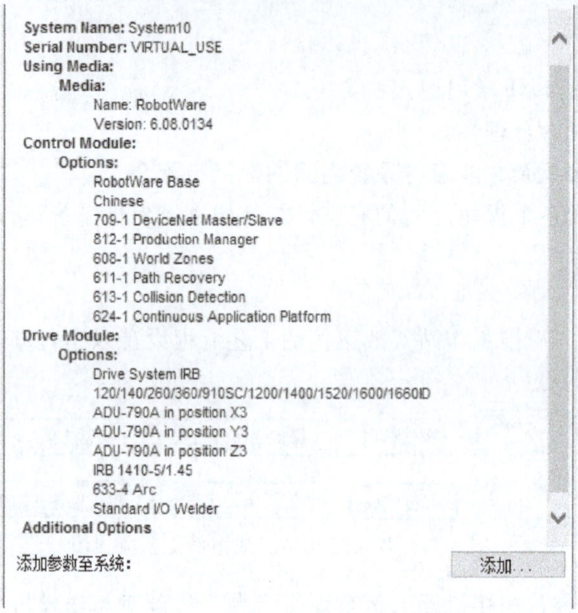

图 5-13　焊接机器人系统配置

2. 焊接机器人 I/O 信号配置

在弧焊焊接过程中，焊接机器人通过 I/O 信号控制焊接电源的启动与停止，并接收焊接电源的反馈信号，以实现自动焊接工作。一般情况下，机器人选配 DSQC 651 信号模块与焊接电源进行通信，如图 5-14 所示。

3. 数字 I/O 信号配置

配置焊接机器人控制焊接电源启停的数字 I/O 信号。在示教器菜单栏下，单击“配置”下拉菜单中的“I/O System”，打开“配置-I/O System”窗口，在“DeviceNet Device”中新建 DeviceNet 设备。在弹出的实例编辑器中配置 DeviceNet 设备参数。数字 I/O 信号详细配置参数见表 5-2。

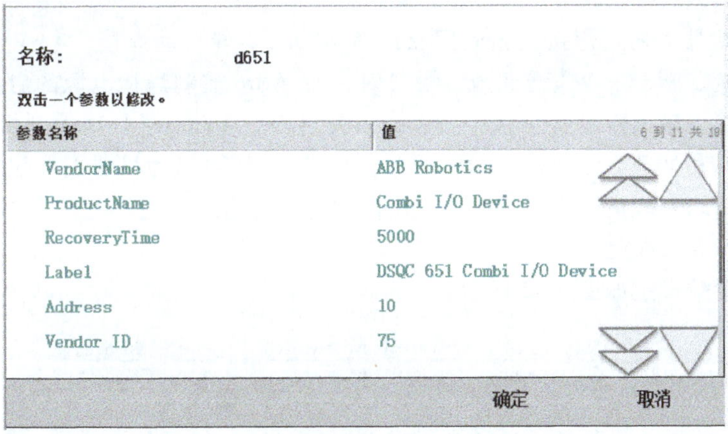

图 5-14 焊接机器人 I/O 信号配置

表 5-2 数字 I/O 信号配置

设备名称(Name)	信号类型 (Type of Signal)	设备板卡号 (Assigned to Device)	设备映射号 (Device Mapping)	信号说明
diArcEst	Digital Input	d651	0	焊接启停反馈
doWeldOn	Digital Output	d651	32	焊接启停控制
doGasOn	Digital Output	d651	33	焊接气体控制
doFeedOn	Digital Output	d651	34	手动送丝控制
doFeedOnBwd	Digital Output	d651	35	手动退丝控制

4. 模拟 I/O 信号配置

配置焊接机器人对焊接电源电压、电流数据设定的模拟量输出信号，即 I/O 信号模块的模拟量接口输出最小值对应焊接电源的电压、电流输入最小值，I/O 信号模块的模拟量接口输出最大值对应焊接电源的电压、电流最大输入值，见表 5-3。

表 5-3 模拟 I/O 信号配置

信号说明	焊接电流或送丝速度设定	焊接电压设定
Name	ao Current Reference	ao Volt Reference
Type of Signal	Analog Output	Analog Output
Assigned to Device	d651	d651
Device Mapping	0~15	16~31
Default Value	30	12
Analog Encoding Type	Unsigned	Unsigned
Maximum Logical Value	350	40. 2
Maximum Physical Value	10	10
Maximum Physical Value Limit	10	10
Maximum Bit Value	65535	65535
Minimum Logical Value	30	12
Minimum Physical Value	0	0
Minimum Physical Value Limit	0	0
Minimum Bit Value	0	0

5. 焊接机器人系统配置

ABB 焊接机器人通过焊接工艺应用软件 ArcWare 实现自动焊接。ArcWare 由焊接设备、焊接系统、焊接传感器三个部分组成。焊接时，ArcWare 控制焊接电源的启停，并实时监控焊接过程，检测焊接工作是否正常。当有错误发生时，ArcWare 自动控制机器人停止焊接，同时将错误信息和处理方法显示在示教器上。ArcWare 还可以为机器人选配焊接电弧跟踪或激光跟踪选项，以实现机器人在焊接过程中的焊缝实时追踪功能。

6. 焊接指令参数设定

焊接指令参数设定如图 5-15 所示。

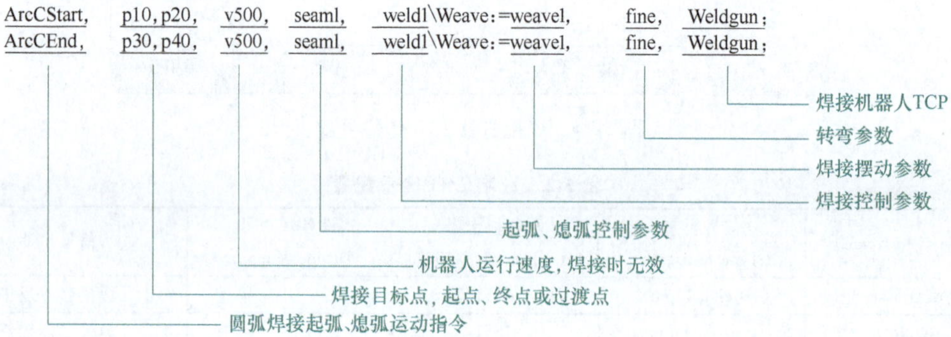

图 5-15 焊接指令参数设定

7. 焊接指令参数配置

（1）seamdata 参数配置 焊接指令中的起弧、熄弧控制参数（seamdata）可以在程序数据中进行定义，其中需要配置的参数主要包含以下三个，应根据焊接工艺要求进行设定：

1）purge_time：吹扫时间，即焊接开始前清理焊枪枪管中空气的时间，单位为 s，此时间不会影响焊接时间。

2）preflow_time：预送气时间，即焊枪到达焊接起点位置时对焊接工件进行吹气保护的时间，单位为 s。

3）postflow_time：尾送气时间，即焊接结束后焊枪继续送气，对焊缝继续进行保护的时间，单位为 s。

（2）welddata 参数配置 焊接控制参数 welddata 也需要在程序数据中进行定义，其中需要配置的参数包含以下三个，应根据焊接工艺要求进行设定：

1）weld_speed：机器人焊接速度，单位为 mm/s。

2）voltage：焊接电压，单位为 V。

3）current：焊接电流，单位为 A。

8. PLC 与焊接机器人通信配置

用 PLC 获取焊接机器人对应型号版本的 GSD 配置文件，在博途软件中进行安装，设置 IP 地址，使名称与焊接机器人设置的 IP 和名称保持一致，完成后给焊接机器人配置 I/O 模块，并设置地址。将配置好的文件下载到 PLC，即可实现 PLC 与焊接机器人进行多字节数据的通信功能。

9. 焊接程序启动

PLC 向焊接机器人发送焊接指令（焊接件已就位），焊接机器人启动焊接程序，并移动至焊接起点，执行起弧指令。

10. 送丝机送丝、保护气瓶开启吹气

送丝盘为送丝机供丝，送丝机通过送丝软管将焊丝输送至焊枪末端，同时保护气瓶阀门开启，将保护气体输送至焊枪末端，对焊接工件进行吹气保护，如图 5-16 所示。

11. 焊接机器人开始焊接

送丝机持续送丝，焊枪按设计好的程序路径进行焊接作业，如图 5-17 所示。

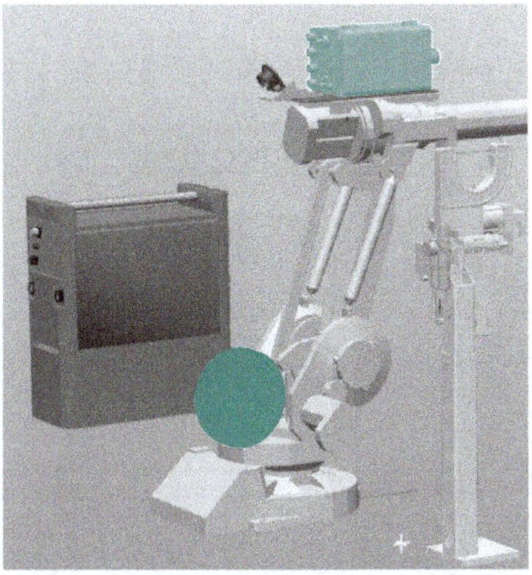

图 5-16 送丝、吹气

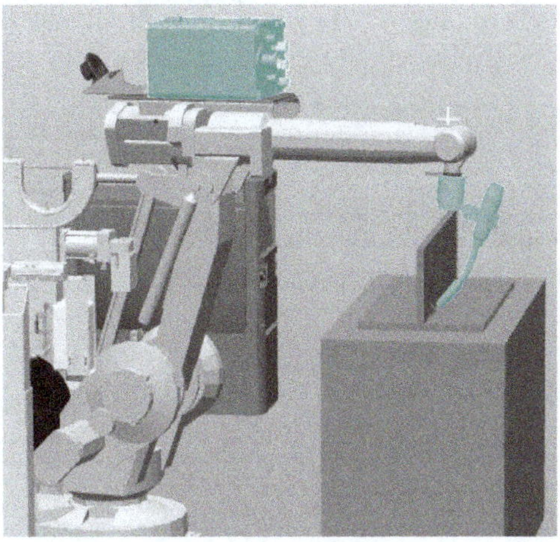

图 5-17 焊接开始

12. 焊接机器人结束焊接

焊接机器人结束焊接后，执行熄弧指令，送丝机停止工作。

13. 保护气瓶关闭

送丝机停止工作后仍需要持续吹送一段时间的保护气体，以保护焊接件，然后保护气瓶关闭，停止吹气。

14. 焊接完成

焊接机器人向 PLC 发送焊接完成信号，同时回到机器人坐标原点，如图 5-18 所示。

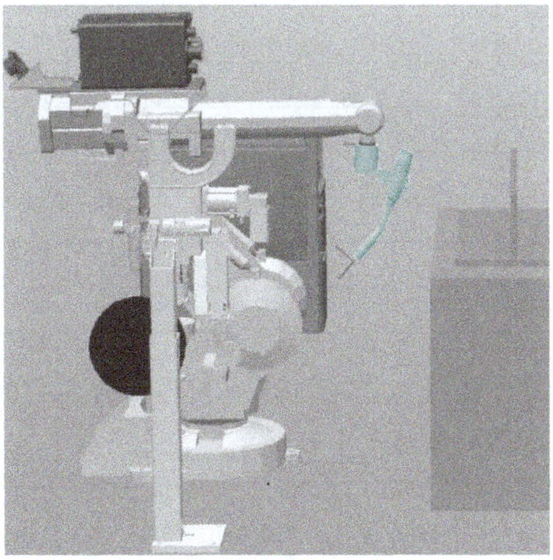

图 5-18 焊接完成

七、案例工艺示教

根据上述工艺步骤，进行机器人示教编程。

1. 任务描述

在机器人焊接单元中，机器人通过末端焊枪对工件进行弧焊焊接，如图 5-19 所示。依据焊接工艺，设置好相应的参数，机器人需要完成的任务是把相互垂直的两个工件焊接在一起。

2. 任务实施

（1）设计机器人程序流程（图 5-20）

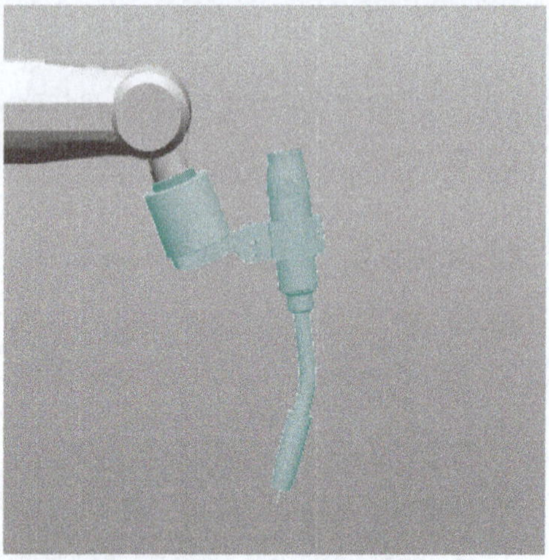

图 5-19　末端焊枪

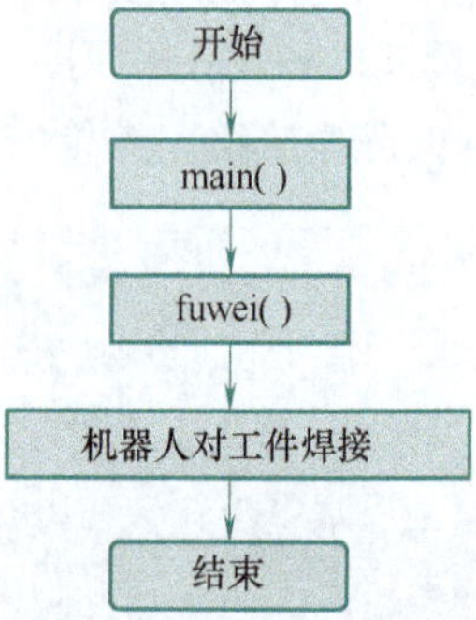

图 5-20　程序流程图

（2）列出机器人运动示教点（表 5-4）

表 5-4　机器人运动示教点

序号	示教点、信号和坐标系	说明	备注
1	hanjie_home	机器人原点	需示教
2	hanjie_p1	焊接起始点上方	需示教
3	hanjie_p2	焊接起始点	需示教
4	hanjie_p3	焊接结束点	需示教
5	hanjie_p4	焊接结束点上方	需示教
6	tool1	焊枪工具坐标系	需建立
7	tool0	默认工具坐标系	无需建立
8	wobj0	默认工件坐标系	无需建立
9	seam1	起弧、熄弧控制参数	需建立
10	weld1	焊接控制参数	需建立
11	weave1	焊接摆动参数	需建立

（3）机器人程序设计　机器人程序设计包括：主程序“main（）”、复位程序“fuwei（）”和焊接程序“hanjie（）”。

1）编写主程序。参考程序如下：

```
PROC main()
    fuwei;  ! 调用复位子程序
    hanjie;  ! 调用焊接子程序
    fuwei;  ! 调用复位子程序
ENDPROC
```

2）编写复位程序。在“fuwei（）”程序中，要使机器人回到原点。参考程序如下：

```
PROC fuwei()
    MoveL hanjie_ home,v100,fine,tool0\WObj :=wobj0;  ! 机器人移动到工作原点
ENDPROC
```

3）编写焊接程序。在“hanjie（）”程序中，机器人末端焊枪根据示教好的轨迹点位及配置好的焊接参数进行焊接。参考程序如下：

```
PROC hanjie()
    MoveL hanjie_p1,v100,z50,tool1\WObj:=wobj0;   ！沿直线移动到焊接起始点上方
    ArcLStart hanjie_p2,v100,seam1,weld1\Weave:=weave1,fine,tool1\WObj:=wobj0;
！沿直线移动到焊接起始点，开始弧焊
    ArcLEnd hanjie_p3,v100,seam1,weld1\Weave:=weave1,fine,tool1\WObj:=wobj0;
！沿直线移动到焊接结束点，完成弧焊
    MoveL hanjie_ p4,v100,z50,tool1\WObj:=wobj0;   ！沿直线移动到焊接结束点上方
ENDPROC
```

（4）程序调试 编写完主程序和子程序，并确保所有指令的速度值不能超过 100mm/s 后，进行程序调试。单击“调试”按钮→“PP 移至例行程序…”按钮→“fuwei”→“确定”，程序指针指在“fuwei”程序的第一条语句，如图 5-21 所示。

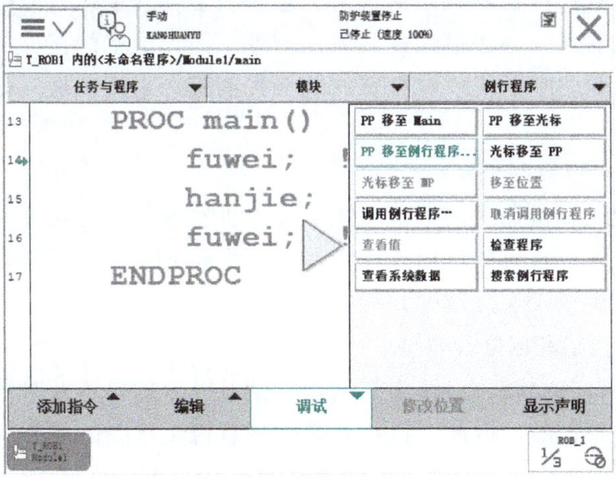

图 5-21 程序调试

做一做

总结一下示教焊接机器人程序的注意事项。

任务三 焊接工作站分析与设计

工作任务

通过本任务的学习，学生应掌握正确选择弧焊机器人型号的方法，根据不同因素选择合适的焊枪、弧焊电源和送丝系统，分析、理解变位机的选型原则，最终完成对焊接工作站的分析与设计。

相关知识

一、弧焊机器人选型

上述案例中选择的机器人型号为 ABB IRB 1410，该机器人的过程速度和定位均可调整，

能达到最佳的制造精度，次品率极低，甚至可达到零次品率。ABB IRB 1410 型机器人以其坚固可靠的结构而著称，噪声低、例行维护间隔时间长和使用寿命长也是它的优势。此外，ABB IRB 1410 的工作范围大、工作范围广、结构紧凑、手腕极为纤细，即使在条件苛刻、限制颇多的场所，也能实现高性能操作。ABB IRB 1410 经过优化设计，送丝机走线安装孔便于机械臂搭载工艺设备；配备的标准 IRC5 机器人控制柜内置各项人性化弧焊功能，可通过手持终端 FlexPendant 示教器进行操控。

选择弧焊机器人时，首先应根据焊接工件的形状和大小来选择机器人的工作范围，一般以保证一次将工件上所有的焊点都焊到为准；其次应考虑效率和成本，选择机器人的轴数、速度和负载能力。在其他同等的情况下，应优先选择具备内置弧焊程序的机器人，便于程序的编写和调试；应选择能够在上臂内置焊枪电缆、底部可以内置焊接地线电缆以及保护气气管的机器人，这样在减少电缆占用空间的同时，也延长了电缆的寿命。

对于弧焊机器人，还要考虑焊接专用技术指标。

1. 适用的焊接方法

适用的焊接方法对弧焊机器人尤为重要，它实质上反映了机器人控制和驱动系统抗干扰的能力。一般弧焊机器人只采用熔化极气体保护焊，因为这些焊接方法不需采用高频引弧起焊，所以机器人控制和驱动系统没有特殊的抗干扰措施。采用钨极氮弧焊的弧焊机器人有一套特殊的抗干扰措施。

2. 摆动功能

摆动功能关系到弧焊机器人的工艺性能。弧焊机器人的摆动功能差别很大，有的机器人只有固定的几种摆动方式，有的机器人只能在 x-y 平面内任意设定摆动方式和参数。本任务选择能在空间范围内任意设定摆动方式和参数的机器人。

3. 焊接工艺故障自检和自处理功能

对于常见的焊接工艺故障，如弧焊的粘丝、断丝等，如果不及时采取措施，则会发生损坏机器人或报废工件等事故。因此，机器人必须具有检出这类故障并实时自动停止及报警的功能。

4. 引弧和收弧功能

焊接时起弧和收弧处特别容易产生气孔、裂纹等缺陷。为确保焊接质量，在机器人焊接时，通过示教应能设定和修改引弧和收弧参数，这是弧焊机器人必不可少的功能。

5. 焊接尖端点示教功能

这是一种在焊接示教时十分有用的功能，即在焊接示教时，先示教焊缝上某一点的位置，然后调整焊枪或焊钳姿态，在调整姿态时，原示教点的位置完全不变。

二、焊枪选型

对于弧焊机器人系统而言，选择焊枪时，应考虑以下几个方面：

1）选择自动型焊枪，不要选择半自动型焊枪。半自动型焊枪多用于人工焊接。

2）根据焊丝的粗细、焊接电流的大小及负载率等因素选择空冷式或水冷式的焊枪结构。细丝焊时，焊接电流较小（在 500A 以下），可选用空冷式焊枪结构；粗丝焊时，焊接电流较大（超过 500A），应选用水冷式的焊枪结构。

3）根据机器人的结构选择内置式或外置式焊枪。安装内置式焊枪时要求机器人末端的连接法兰必须是中空的，而通用型机器人通常选择外置式焊枪。

4）根据焊接电流、焊枪角度选择焊枪。焊接机器人用焊枪的枪颈弯曲角一般小于45°，可根据工件特点选择不同弯曲角的焊枪，以改善焊枪的可达性。若弯曲角选得过大，则送丝阻力会加大，送丝速度会不稳定；若弯曲角选得过小，一旦导电嘴稍有磨损，则会出现导电不良的现象。

5）从设备和人身安全方面考虑，应选择带防撞传感器的焊枪。

三、弧焊电源选型

弧焊机器人系统中的弧焊电源通常要根据其特点和适用范围来选择。

1. 变压器式交流弧焊电源

1）特点：将交流电变成适用于弧焊的低压交流电，其结构简单、易造且易修、耐用、成本低、磁偏吹小、空载损耗小、噪声小；但其电流波形为正弦波，电弧稳定性较差。

2）适用范围：酸性焊条电弧焊、埋弧焊和TIG（非熔化极惰性气体保护）焊。

2. 矩形波式交流弧焊电源

1）特点：经降压后，运用半导体控制技术获得矩形波的交流电，电流过零点极快，电弧稳定性好，可调节参数多；但设备较复杂，成本高。

2）适用范围：碱性焊条电弧焊、埋弧焊和TIG焊。

3. 发电机式直流弧焊电源

1）特点：由柴（汽）油发动机发电获得直流电，输出的电流脉动小、过载能力强；但空载损耗大、效率低、噪声大。

2）适用范围：各种弧焊。

4. 整流器式直流弧焊电源

1）特点：将交流电经降压和整流后转化为直流电。与直流弧焊发电机相比，制造方便省材料、空载损耗小、节能、噪声小。由电子控制的弧焊整流器在控制与调节方面灵活方便、适应性强、技术和经济指标高。

2）适用范围：各种弧焊。

5. 脉冲型弧焊电源

1）特点：可输出幅值大小呈周期性变化的电流，效率高、可调节参数多、调节范围宽且均匀，热输入可精确控制，但设备较复杂、成本高。

2）适用范围：熔化极及非熔化极气体保护焊、微束等离子弧焊、窄间隙厚板焊、超薄板焊、普通板材焊、热敏感性材料焊、全位置焊、单面焊双面成形和封底焊。

四、送丝系统选型

1. 送丝机选型

（1）一体式与分离式送丝机　由于一体式送丝机到焊枪的距离比分离式送丝机短，连接送丝机和焊枪的软管也短，所以一体式送丝机的送丝阻力比分离式送丝机小。从提高送丝稳定性的角度看，一体式送丝机比分离式送丝机要好。

虽然一体式的送丝机的送丝软管比较短，但有时为了方便更换焊丝盘，把焊丝盘或焊丝桶放在远离机器人的安全围栏之外，这就要求送丝机有足够的拉力从较长的导丝管中把焊丝从焊丝盘（或焊丝桶）中拉出来，再经过软管推向焊枪。对于这种情况，与送丝软管比较长的分离式送丝机一样，要选用送丝力较大的送丝机，忽视这一点往往会出现送丝不稳定，甚至中断送丝的现象。

目前，弧焊机器人的送丝机采用一体式的安装方式已越来越多，但对要在焊接过程中进行自动更换焊枪（变换焊丝直径或种类）的机器人来说，必须选用分离式送丝机。

（2）推丝式、拉丝式与推拉丝式送丝机　推丝式送丝机主要用于直径为 $\phi0.8\sim\phi2.0$mm 的焊丝，是应用最广的一种送丝机。它的特点是：焊枪结构简单、轻便，易于操作，但焊丝需要经过较长的送丝软管才能进入焊枪，焊丝在软管中受到较大阻力，影响送丝稳定性，软管长度一搬为 3~5m。

拉丝式送丝机主要用于细焊丝（焊丝直径小于或等于 0.8mm），因为细焊丝刚性小。推丝过程易变形，难以推丝。可见，拉丝式送丝机虽保证了送丝的稳定性，但由于焊枪较重，增加了机器人的载荷，而且焊枪操作范围会受到限制。

推拉丝式送丝机可以增加焊枪操作范围，送丝软管可以加长到 10m。它除有推丝机外，还在焊枪上加装了拉丝机。推丝机是主要动力来源，而拉丝机只是将焊丝拉直，以减小推丝阻力。推力与拉力必须很好地配合，通常拉丝速度应稍快于推丝速度。这种方式虽有其优点，但由于结构复杂、调整麻烦，因此实际应用得并不多。

（3）一对滚轮和两对滚轮的送丝机　从送丝力来看，两对滚轮送丝机的送丝力比一对滚轮的大。当采用药芯焊丝时，由于药芯焊丝比较软，滚轮的压紧力不能像采用实心焊丝时那么大，所以为了保证有足够的送丝推力，选用两对滚轮的送丝机可以有更好的效果。

2. 送丝软管选型

焊丝直径与软管内径要配合恰当。若软管内径过小，焊丝与软管内壁接触面增大，送丝阻力增大，此时如果软管内有杂质，则会造成焊丝在软管中卡死；若软管内径过大，焊丝在软管内呈波浪形前进，则在推丝过程中将增大阻力。焊丝直径与软管内径的匹配见表 5-5。

表 5-5　焊丝直径与软管内径的匹配

名称	匹配尺寸			
焊丝直径/mm	0.8~1.0	1.0~1.4	1.4~2.0	2.0~3.5
软管内径/mm	1.5	2.5	3.2	4.7

五、变位机选型原则

变位机选型原则有以下三点。

1. 工件适用原则

工程机械不同的结构件之间外形差别很大，焊接时的变位需求也有所不同，因此应根据焊接结构件的结构特点和焊接要求选择合适的变位机。

2. 方便焊接原则

根据焊接作业状况，所选的变位机要能把被焊工件的任意一条焊缝转到平焊或船焊位置，避免立焊和仰焊，以保证焊接质量。

3. 容易操作原则

应选择安全可靠、开敞性好、操作高度低、结构紧凑的变位机，以便于工人操作和变位机摆放。若变位机的焊接操作高度较高，工人可通过垫高的方式进行焊接，也可通过配装液压升降台进行高度位置调节。

做一做

总结弧焊机器人选型时需要考虑哪些因素及技术指标。

任务四 焊接生产线分析与设计

工作任务

通过本任务的学习，学生应掌握弧焊机器人系统的工位布局及作业特点。

相关知识

弧焊机器人系统的设计以焊接生产工艺的最佳化为目标，同时具备良好的安全性、操作性及可靠性。在注重标准化的同时，系统设计有不同的工位布局，可适应多种焊接工艺要求。

1. 焊接机器人系统工位布局的特点

弧焊机器人系统工位布局通常有以下特点：

1）双工位系统，一工位进行焊接作业时，另一工位装卸工件，可提高工作效率。

2）具备多重安全防护功能及故障诊断功能，安全性能高，便于维护。

3）整套系统由若干模块组成，便于运输、安装和车间布局。

4）机械及电气设计符合人机工程学原理，操作方便。

5）采用通用的夹具接口，实现夹具快速更换。

2. 焊接机器人系统工位布局的分类

按照焊接工位的布局或运转形式，弧焊机器人系统的工位布局通常分为五种：V 形、H 形、一字形、水平回转型和垂直翻转型。

（1）V 形布局 V 形布局充分考虑了操作方便性和维护方便性，适合大多数产品的焊接，如在汽车零部件焊接中，适合汽车座椅骨架、汽车车桥、仪表盘支架、副车架、后排座椅靠背、排气系统及汽车保险杠等的焊接，如图 5-22 所示。

图 5-22 V 形布局

（2）H 形布局 H 形布局与 V 形布局的特点类似，适合大多数产品的焊接，如图 5-23 所示。

（3）一字形布局　一字形布局有利于操作和维护，适合大多数体积不太大、长度不太长的工件焊接，如图 5-24 所示。

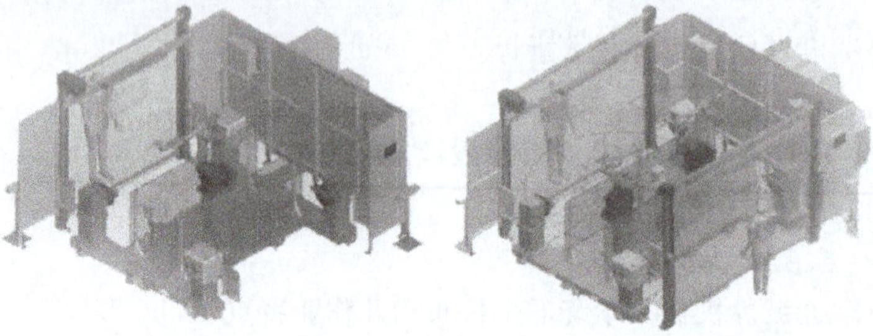

图 5-23　H 形布局

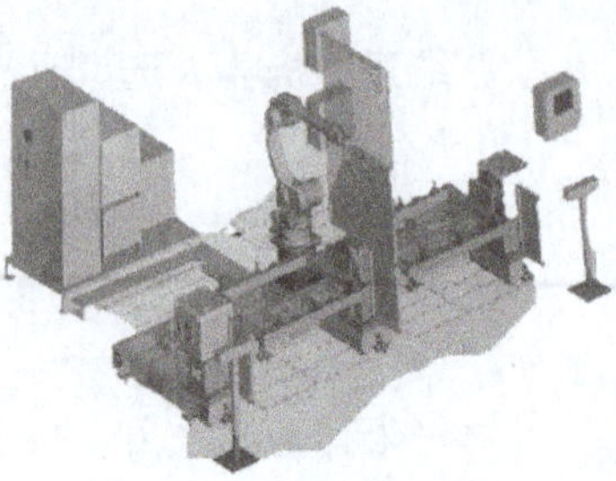

图 5-24　一字形布局

（4）水平回转型布局　水平回转型布局（图 5-25a）内的三轴水平回转变位机（图 5-25b）用于夹具回转和将两个夹具变换位置。其中，用于工件焊接与装卸位置转换的水平回转机构采用外部轴、伺服电动机和交流变频电动机驱动，通过齿轮副驱动工作台水平回转，回转范围为±180°，回转到位后由气动装置精确定位，保证焊接精度。该布局适合大多数体积不太大、长度不太长的工件焊接。

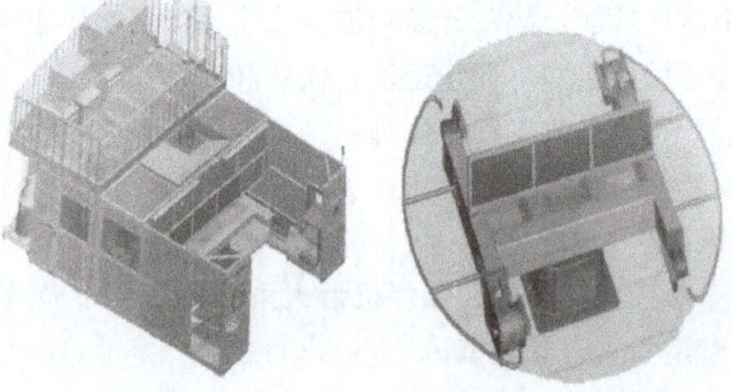

a) 整体布局　　b) 三轴水平回转变位机

图 5-25　水平回转型布局

（5）垂直翻转型布局　垂直翻转型布局（图 5-26a）采用双持三轴垂直翻转变位机（图 5-26b），可实现大轴垂直翻转±90°和小轴垂直翻转±180°。该布局通过特殊设计，可保证系统焊接的稳定性，且能够实现与机器人的协调工作，适合绝大多数体积不太大、长度较长的工件焊接。

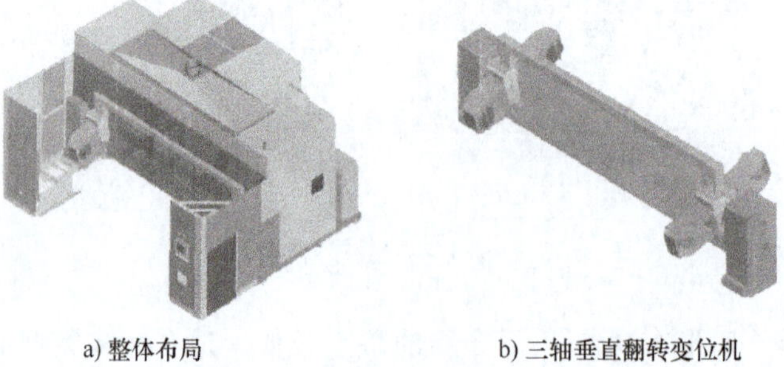

a) 整体布局　　b) 三轴垂直翻转变位机

图 5-26　垂直翻转型布局

做一做

弧焊机器人系统的工位布局通常有哪些特点？

项目考核

项目五考核表

考核项目		分值	自评	备注
信息收集	信息收集方法	5		
	信息收集情况	5		
	团队合作	10		
项目实施	焊接机器人介绍	20		
	解析焊接工作站实战案例	20		
	焊接工作站分析与设计	20		
	焊接生产线分析与设计	20		
小计		100		

其他考核

考核人员	分值	评分	存在的问题	解决办法
（指导）教师评价	100			
小组互评	100			
自评成绩	100			
总评	100		总评分成绩 =（指导）教师评价 ×35% + 小组互评 ×25% + 自评成绩 ×40%	

项目小结

本项目以焊接工作站中典型焊接过程为应用工艺案例，系统分析了典型焊接工作站的分类、特点、组成和基本功能，描述了机器人焊接的工艺流程，解析了工位布局和各部件的选型方法，以案例为基础重点介绍了焊接工作站的设计方法和部分程序代码。

练习题

一、填空题

1. 采用机器人进行焊接，只有一台机器人是远远不够的，还必须配备外围设备，组成______________。

2. 焊接机器人工作站系统广泛用于汽车及其零部件制造、摩托车、______________、______________以及化工等行业。

3. 目前，焊接机器人基本上都是关节型机器人，绝大多数为_________轴工业机器人。

4. 半自动型焊枪多用于______________焊接。

5. 安装______________时要求机器人末端的连接法兰必须是中空的，而通用型机器人常选择外置式焊枪。

6. 变位机的选型原则：一是______________，二是______________，三是______________。

二、选择题

1. 在机器人焊接领域中，最早出现的是（　　），它可用于汽车装配生产线上的电阻点焊。

A. 弧焊机器人　　B. 点焊机器人
C. 热熔焊机器人　　D. 闪光对焊机器人

2. 选择弧焊机器人时，应考虑的因素有（　　）。
A. 应优先选择具备内置弧焊程序的工业机器人，便于程序的编写和调试
B. 应根据焊接工件的形状和大小来选择机器人的工作范围
C. 选择自动型焊枪，不要选择半自动型焊枪
D. 根据效率和成本选择机器人的轴数、速度和负载能力

3. 细丝焊时，因焊接电流较小（在 500A 以下），可选用（　　）结构。
A. 外置式焊枪　　B. 水冷式焊枪
C. 内置式焊枪　　D. 空冷式焊枪

4. 焊接机器人用焊枪的枪颈弯曲角一般小于（　　），要根据工件特点选择不同弯曲角的枪颈，以改善焊枪的可达性。
A. 45°　　B. 30°　　C. 90°　　D. 60°

5.（　　）布局方式充分考虑了操作和维护的方便性，并且适合大多数产品的焊接。
A. 水平回转型　　B. 一字形　　C. V 形　　D. 垂直翻转型

6.（多选）在焊接机器人程序中，焊接专用移动指令是（　　）。
A. MoveL　　B. MoveJ　　C. ArcLStart　　D. ArcLEnd

7. 焊接指令中，设置起弧、熄弧控制参数的数据类型是（　　）。
A. seamdata　　B. speeddata　　C. zonedata　　D. wobjdata

8.（多选）激光焊接的特点是（　　）。
A. 焊接速度快、功效高，可进行任何复杂形状的焊接，且可焊材料种类范围大。
B. 焊点光斑小、功率密度高，能焊接高熔点、高强度的合金材料。
C. 无需电极，没有电极污染或受损的顾虑。
D. 可大幅降低工件的变形。

三、判断题

1. 焊接机器人是一种高度自动化的焊接设备，采用机器人焊接代替手工焊接是制造业的发展趋势，也是提高焊接质量、降低成本以及改善工作环境的重要手段。（　　）

2. 弧焊比较适合薄板焊接领域，如汽车车身焊接、车门框架定位焊接等。点焊只需要点位控制，因此使用工业机器人进行点焊的路径相对简单。（　　）

3. 若焊枪枪颈的弯曲角选得过大，则送丝阻力会加大，送丝速度容易不稳定；若弯曲角过小，一旦导电嘴稍有磨损，则会出现导电不良的现象。（　　）

4. 双工位系统中，一工位进行焊接作业时，另一工位装卸件，可提高工作效率。（　　）

5. 水平回转型布局适合体积大、长度比较长的工件焊接。（　　）

6. 从设备和人身安全方面考虑，应选择带防撞传感器的焊枪。（　　）

7. 推丝式送丝机主要用于细焊丝，它是应用最广的一种送丝机。（　　）

8. 焊枪一般由喷嘴、导电嘴、气体分流器、喷嘴接头（焊钳）和枪管（枪颈）等部分组成。（　　）

9. 焊接控制参数 welddata 中可以设置机器人焊接速度、焊接电压和焊接电流三个参数。（　　）

四、简答题

1. 简述焊接机器人的分类。

2. 简述焊接机器人程序设计的整体思路。

3. 总结示教焊接机器人程序时的注意事项。

4. 简述弧焊电源的分类、特点及适用范围。

5. 焊接机器人系统中，变位机选型三原则的具体内容是什么？

ROBOT

项目六　雕刻应用实战

项目导读

雕刻机器人工作站具有高灵活性、高精准度、编程方便和作业空间大等优点，可以用于泡沫、有机塑料、石膏、木材和石材等材料的雕刻，适用于工艺品加工、汽车造型、电影道具制作以及复杂曲面加工等场合，可满足雕刻行业迅速发展的需求，加快艺术品的成形与应用，还可用于金属表面处理与加工。

项目学习目标

知识目标	能力目标	素养目标
1. 了解雕刻机器人的分类及特点 2. 掌握雕刻机器人系统的组成及功能 3. 掌握雕刻机器人系统的工艺流程、特点及操作步骤 4. 掌握雕刻机器人工作环节的基本设计方法 5. 拓展雕刻机器人工作环节中的相关工艺知识	1. 通过雕刻机器人系统的工艺流程、特点及操作步骤的学习，学生应科学规范的编程能力 2. 通过对雕刻工作站的分析与设计，培养学生分析问题和解决问题的能力 3. 在应用实战过程中，掌握合理利用与支配各类资源的能力 4. 通过拓展雕刻机器人系统中的相关工艺知识，培养学生获取信息并利用信息的能力 5. 通过拓展学习，强化学生自我认知、自主学习的能力	1. 在小组合作学习过程中，培养学生团队协作意识 2. 通过设计雕刻工作站，培养学生的创新精神和缜密的科学思维方式 3. 通过雕刻应用实战，培养学生建立良好的职业习惯和严谨的工作态度 4. 通过本项目的学习，培养学生严谨求实、精益求精的工匠精神

项目实施

本项目主要分四个任务对雕刻工作站的工艺设计进行介绍，学生要在应用实战中明确学习要点，系统地掌握雕刻工作站的工艺设计方法。

任务一　雕刻机器人认知

工作任务

通过本任务的学习，学生应了解雕刻机器人的分类、特点、系统组成及功能等相关基础知识，并能独立介绍雕刻机器人系统。

相关知识

雕刻机器人运用多轴联动控制、轨迹插补和离线编程等技术，并结合数控硬件结构和控制软件，可应用于模具（如轮胎模具）、图文雕刻、广告标志、工艺美术等场合。雕刻机器人是一种能够实现全自动化雕刻的机器人专用工作站，在雕刻速度、精准程度和精细程度等方面均有良好的表现，相比传统方法能够更加方便、快捷地在常规材质上制作出逼真、精致和耐久的二维图形或三维立体浮雕。

一、雕刻机器人的分类及特点

1. 雕刻机器人的分类

雕刻机器人可分为并联雕刻机器人、六自由度串联雕刻机器人和混联雕刻机器人等。

2. 雕刻机器人的特点

相比于手工雕刻，雕刻机器人有很大的优势：在批量化生产过程中，由于人工减少，产品成本大大降低；雕刻机器人根据程序进行雕刻，更精准、更稳定，可以避免因工人劳累和失误造成的误差；雕刻机器人工作空间更大，能够雕刻更为高大的工艺品。

根据不同工艺品的材质，雕刻机器人能够灵活切换不同的加工工艺。雕刻机器人系统集扫描、编辑、排版和雕刻等功能于一体，是CAD/CAM一体化的典型产品，主要的技术特点如下：

1）基于机器人实时力感知技术，雕刻机器人可以根据不同材质的雕刻对象，调整雕刻速度等控制参数。

2）使用激光跟踪仪对雕刻机器人实时动态误差进行分析，由于采用了基于神经网络的补偿算法，机器人动态误差的补偿效果明显，极大地提高了机器人雕刻加工的精度。

3）机器人离线编程与仿真软件可针对复杂作业曲面，通过三维建模、数据转化实现雕刻机器人自动离线编程工作，还可以通过仿真验证程序的可行性。

4）具有工具快换装置，雕刻机器人进行雕刻加工时会根据不同的原料情况和加工要求使用不同类型的加工刀具，可提高生产率。

5）多机器人协同作业，不受雕刻尺寸的限制。可使用多机器人协作与协调控制算法，合理规划多个机器人位置，将雕刻任务分解，以提高雕刻的效率。

6）采用工业机器人分段作业方式，可实现大型或超大型产品的雕刻，具有精度高、效率高、成本低等优点。雕刻机器人的使用改善了传统雕刻作业现状，为大型或超大型工件加工提供了一种新型可靠的解决方案。

二、雕刻机器人系统的组成及功能

雕刻机器人系统由工业机器人、电动主轴、刀具库、水冷机和空气压缩机等组成。该系统具备五轴加工中心的特点，可适应多种异型材料、非标准件的立体雕刻加工，以及多种软金属、软材料（如铝、塑料、木料、玻璃、碳化纤维和复合材料等）的大型复杂工件的快速成形加工，如图6-1所示。

图6-1 雕刻机器人

做一做

雕刻机器人系统的主要的技术特点是什么？

任务二 雕刻工作站实战案例解析

工作任务

本任务将设计一个雕刻工作站，自主选择正确的工艺流程并设计工艺步骤，再根据工艺步骤进行机器人示教编程。尝试以个人或小组为单位设计雕刻机器人工作站并记录所选用的设备及具体参数。

相关知识

一、案例背景

当前，形形色色的石雕、木雕和铝雕等制品在生活中的使用量越来越大，而且其生产要求和加工难度也在不断加大。这推动了雕刻加工由传统的手工加工向半自动化、自动化雕刻方向的发展，使企业适应市场的竞争。

雕刻机器人技术的运用不但可以提高工艺品的加工效率，减少加工时间，而且可以完成规模化加工。因此，对于雕刻机器人技术的研究得到了许多学者的重视。

雕刻机器人不断在更高集成化、自动化方面进行技术革新，设计更优化的控制系统，对加工工艺精益求精，有助于我国雕刻加工行业的可持续发展，与此同时对该领域的人才需求也在日益增多。掌握雕刻机器人工艺流程相关知识，学会分析不同雕刻场景，是相关领域专业人才不可或缺的技能。

二、案例介绍

本任务为雕刻工作站案例解析，如图 6-2 所示。其中，雕刻单元可以完成对木质材料、铝制材料和工业塑料进行雕刻加工，通过雕刻单元与其他单元协作配合，完成雕刻任务。本案例涉及的工艺流程单元模块有雕刻单元、自动供托盘单元、智能输送线单元和上下料单元。

图 6-2　雕刻工作站

三、案例学习要点

学习本案例要注意以下学习要点：

1）各个单元在工作之前要调零、校准，保证单元模块的正常运转。

2）雕刻单元工作时，工艺步骤有叠加，同步执行时，注意工艺之间的逻辑关系。

3）注意雕刻单元各个模块之间的完整性与结构性，保证运行系统的合理与流畅。

四、案例工艺流程

雕刻工作站实战案例具体的工艺流程如图 6-3 所示。

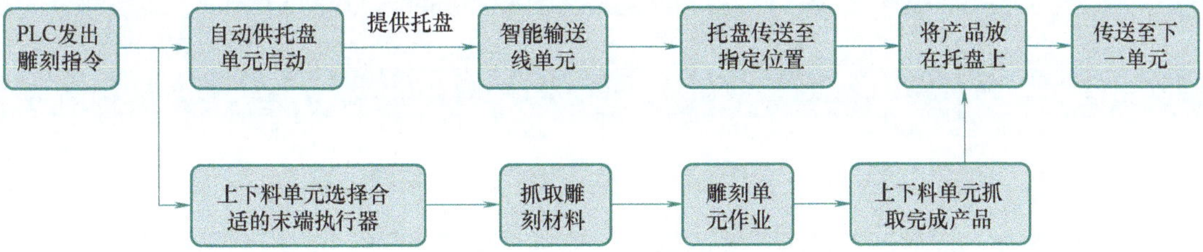

图 6-3 雕刻工作站实战案例的工艺流程图

五、案例设备参数

本案例涉及的设备参数见表 6-1。

表 6-1 雕刻工作站案例设备参数

设备名称	型号	品牌	设备参数
机器人	ABB IRB 2600	ABB	臂展:1.65m 负载:20kg
PLC	S7-1214C	西门子	14DI 16DO DC/DC/DC
机器人末端吸盘	ZPT-20-H-A14	SMC	吸盘 ϕ20mm
真空压力表	DPSN1-10020	亚德客	DC 24V-0.1-1MPA
视觉检测相机	Basler acA2440-35uc	Basler	—
相机镜头	Lens M0824-MPW2 F2.4 f8mm 2/3	Computar	—
雕刻主轴	DGZX-10036/3.5	广州昊志	转速:36000r/min 功率:3.5kW
雕刻主轴控制变频器	MH300	台达	AC 380V 3.7kW
刀库转台原点接近开关	E2B-M18KN10-WZ-B1 2M	欧姆龙	—
刀库旋转电动机	CM08IG25TJB	利得机电	25W
主轴刀具安装电磁阀	4V210-08-B	亚德客	DC 24V

六、案例工艺步骤

根据本案例工艺流程制订的具体工艺步骤如下。

1. 机器人系统配置

PLC 与雕刻机器人通过 PROFINET 总线进行通信，雕刻机器人在控制模块中选配 888-2 Profinet Controller/Device 功能，配置机器人的 IP 地址及网关，配置机器人 PROFINET 的名称、输入输出字节，完成机器人系统的配置内容，如图 6-4 所示。

2. PLC 与机器人通信配置

用 PLC 获取机器人对应型号版本的 GSD 配置文件，在博途软件中进行安装，设置 IP 地址、名称（需要与机器人设置的 IP 和名称保持一致），设置完成后配置机器人 I/O 模块，并设置地址。将配置好的文件下载到 PLC，即可实现 PLC 与雕刻机器人进行多字节数据的通信功能，PLC 与机器人通信配置过程如图 6-5~图 6-10 所示。

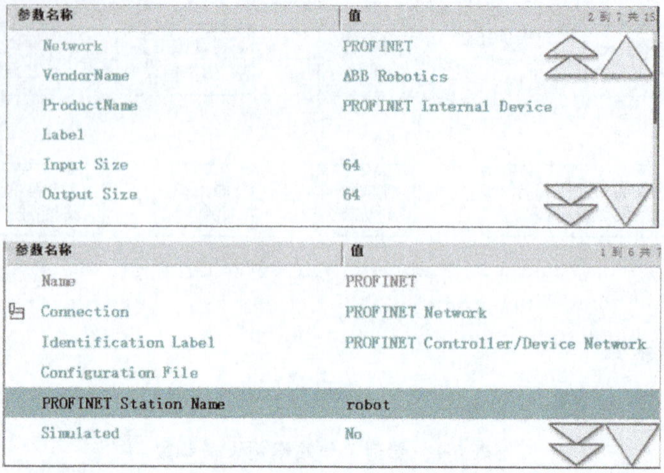

图 6-4 雕刻机器人配置

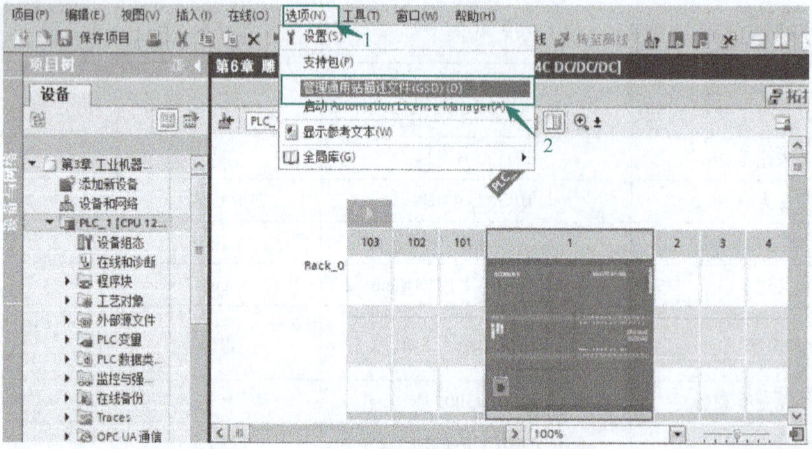

图 6-5 打开配置 GSD 选项功能

图 6-6 选择需要添加的 GSD 文件

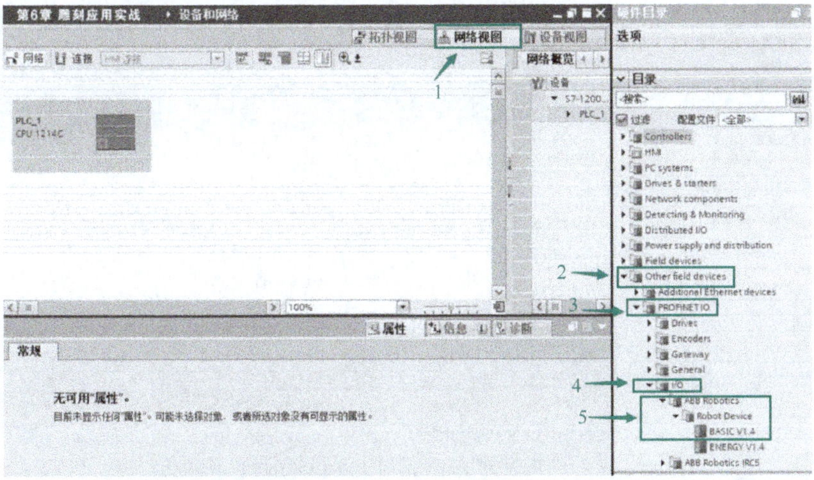

图 6-7 在网络视图中添加机器人设备

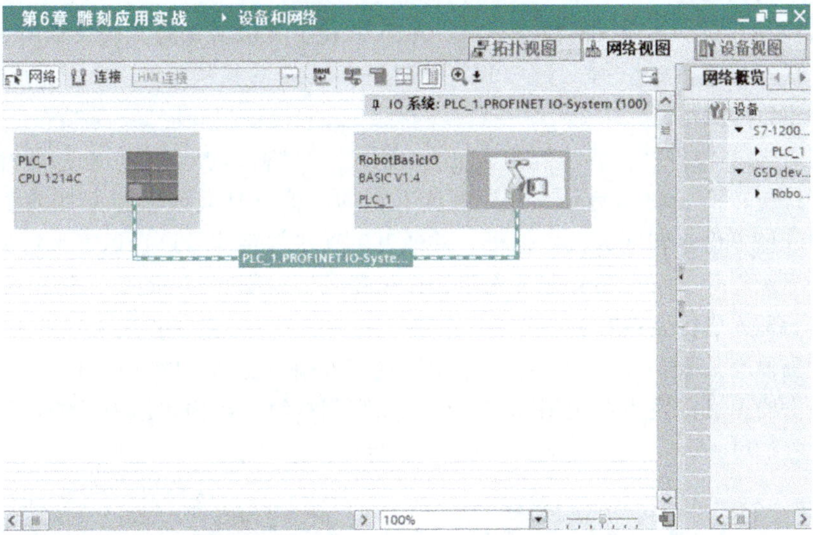

图 6-8 建立机器人与 PLC 之间连接

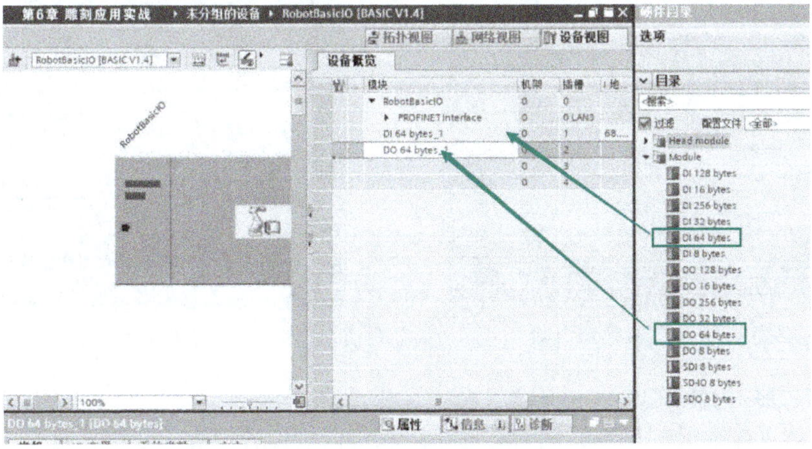

图 6-9 分配与 PLC 信息交互数据区

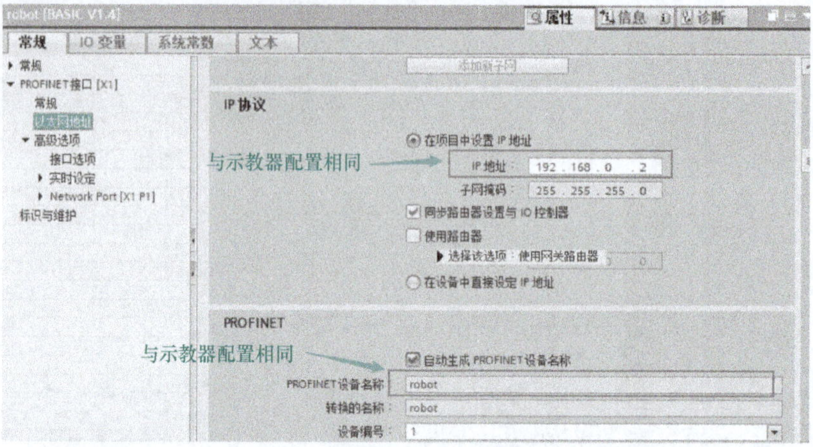

图 6-10　分配机器人 IP 地址和 PROFINET 设备名称

3. 协作机器人配置

用 PLC 与协作机器人通过网线连接，实现 TCP/IP 通信。在机器人程序中用 python 语言编写 SOCKET 服务端通信脚本，同时在 PLC 中编写 SOCKET 客户端通信程序，完成通信配置。

4. 视觉识别雕刻材料

用 PLC 启动上料程序，协作机器人准备抓取雕刻材料，视觉相机通过机器视觉装置将被检测的原材料转换成图像信号，并传送给专用的图像处理系统，图像处理系统将像素分布、亮度和颜色等信息转变成数字信号，并通过对这些数字信号进行运算来定位雕刻材料所在的位置坐标及轮廓，然后将数据发送给协作机器人，如图 6-11 所示。

5. 协作机器人执行上料指令

当协作机器人接收到数据信息后，移动机器人末端吸盘贴近雕刻材料。开启末端执行器上的真空发生器，真空发生器利用真空原理吸取雕刻材料，当内置压力开关达到一定压力值时，PLC 接收信号，判定吸取完成，如图 6-12 所示。

图 6-11　视觉识别雕刻材料

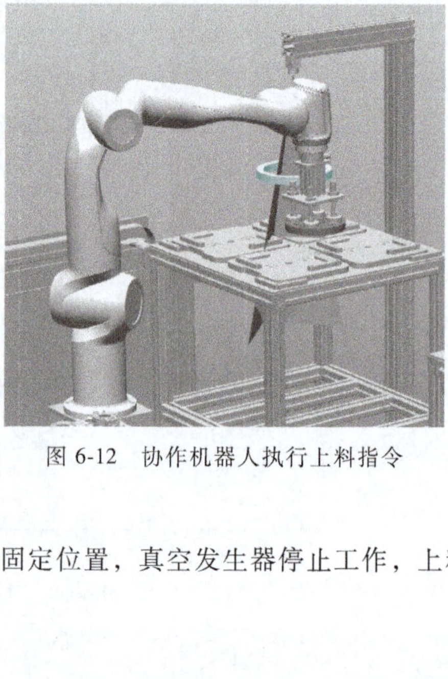

图 6-12　协作机器人执行上料指令

6. 协作机器人上料完成

协作机器人吸取雕刻材料，然后移动至雕刻台固定位置，真空发生器停止工作，上料完成，如图 6-13 所示。

7. 夹紧雕刻材料

PLC 接收到上料完成信号后，控制雕刻台夹紧工具将雕刻材料夹紧固定，如图 6-14 所示。

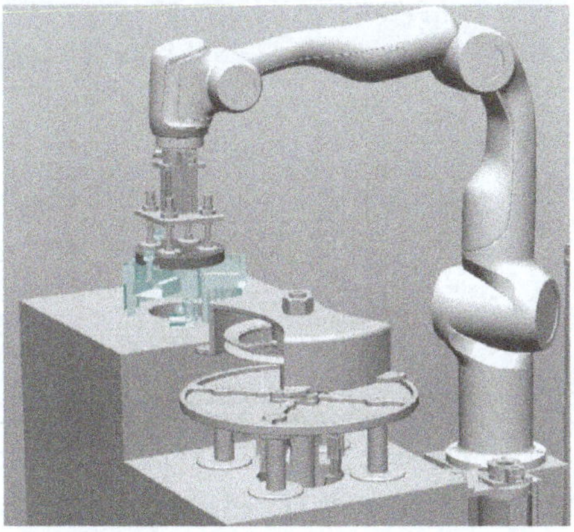
图 6-13 协作机器人上料完成

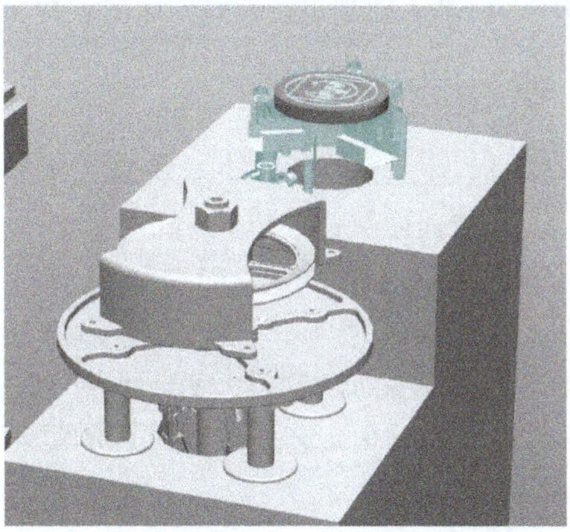
图 6-14 夹紧雕刻材料

8. 雕刻程序准备

通过离线编程将各种类型产品的雕刻程序提前导入机器人。

1）导入工件三维模型。

2）软件辅助划分雕刻区域并生成雕刻路径。

3）设定工件坐标系、工具坐标系和机器人坐标系。

4）设定工艺点位姿态。

5）优化机器人轨迹。

6）仿真验证程序。

7）生成工件雕刻程序。

9. 雕刻机器人刀具准备

PLC 向雕刻机器人及刀具系统发送雕刻信息，刀具系统自动回零。机器人按照雕刻信息启动相应程序，在刀具系统中选取程序所需的刀具类型，如图 6-15 所示。

10. 雕刻任务开始

开启雕刻主轴，机器人按照程序设定的轨迹进行雕刻，如图 6-16 所示。

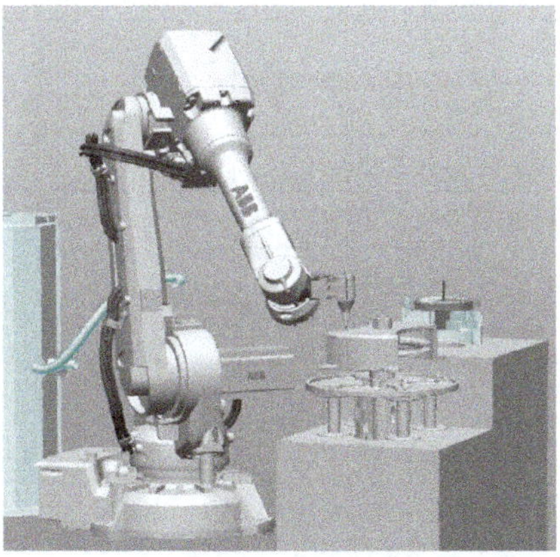
图 6-15 雕刻机器人刀具准备

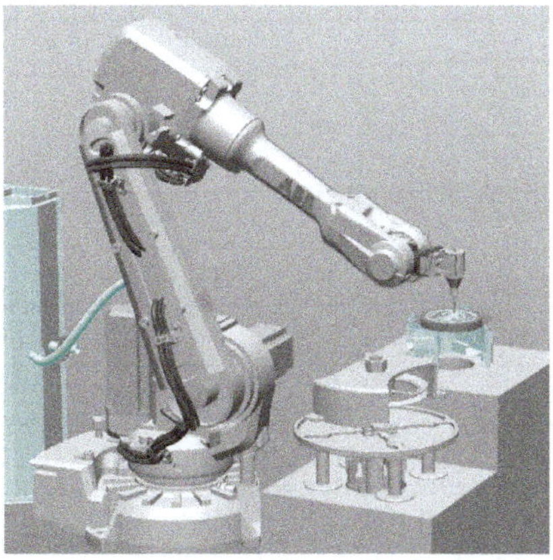
图 6-16 雕刻任务开始

11. 雕刻完成

雕刻完成后，关闭雕刻主轴，将刀具放回刀具系统处，机器人回到工作原点，如图 6-17 所示。

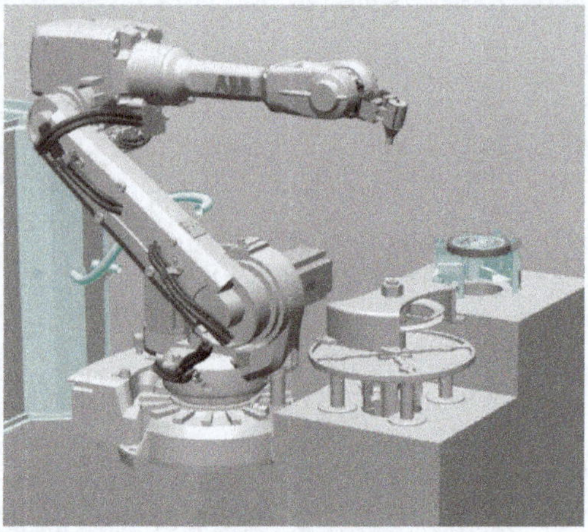

图 6-17　雕刻完成

七、案例工艺示教

根据上述工艺步骤，进行机器人示教编程。

1. 任务描述

雕刻单元通过主轴搭配刀具实现对工件的雕刻，如图 6-18 所示。机器人将雕刻工件放置在雕刻台后，根据雕刻图案选取对应的刀具，按照已设计的雕刻工艺完成对工件的雕刻。

2. 任务实施

（1）设计机器人程序流程（图 6-19）

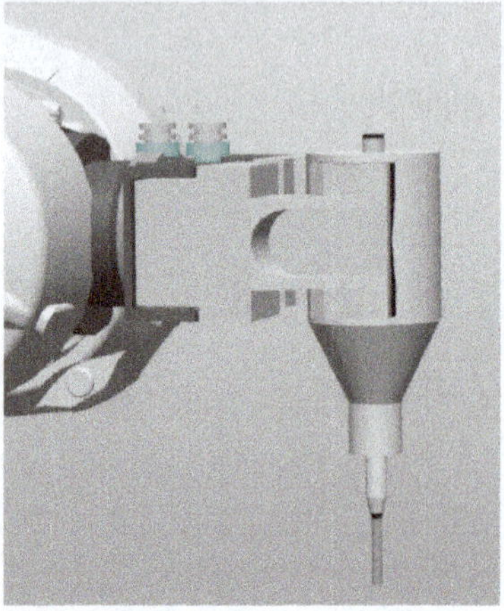

图 6-18　主轴搭配刀具

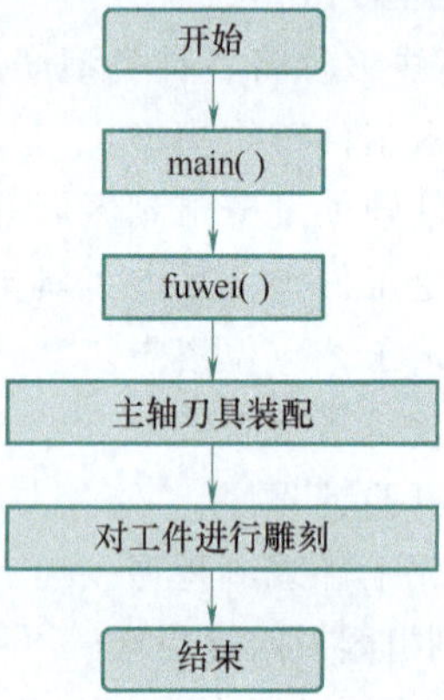

图 6-19　程序流程图

（2）列出机器人运动示教点（表 6-2）

表 6-2　机器人运动示教点

序号	示教点、信号和坐标系	说明	备注
1	diaoke_home	机器人原点	需示教
2	daoju_p1	更换刀具点上方	需示教
3	daoju_p2	更换刀具点	需示教
4	diaoke_p1	雕刻起始点上方	需示教
5	diaoke_p2	雕刻起始点	需示教
6	diaoke_p3	雕刻点 2	需示教
7	diaoke_p4	雕刻点 3	需示教
8	diaoke_p5	雕刻点 4	需示教
9	diaoke_p6	雕刻结束点	需示教

（续）

序号	示教点、信号和坐标系	说明	备注
10	diaoke_p7	雕刻结束点上方	需示教
11	tool1	主轴刀具工具坐标系	需建立
12	tool0	默认工具坐标系	无需建立
13	wobj0	默认工件坐标系	无需建立
14	do1	刀具锁紧信号	1为打开
15	do2	雕刻主轴信号	1为打开

（3）机器人程序设计　机器人程序设计包括：主程序“main（）”、复位程序“fuwei（）”、刀具更换程序“daoju（）”和雕刻程序“diaoke（）”。

1）编写主程序。参考程序如下：

```
PROC main()
    fuwei;      ！调用复位子程序
    daoju;      ！调用刀具更换子程序
    diaoke;     ！调用雕刻子程序
    fuwei;      ！调用复位子程序
ENDPROC
```

2）编写复位程序。在“fuwei（）”程序中，要使机器人回到原点，将所有信号复位。参考程序如下：

```
PROC fuwei()
    Reset do1;  ！刀具锁紧信号关闭
    Reset do2;  ！雕刻主轴关闭
    MoveJ diaoke_home,v100,fine,tool0\wobj:=wobj0;  ！移动到工作原点
ENDPROC
```

3）编写刀具更换程序。在“daoju（）”程序中，机器人末端先移动到刀具库上方，再移动到装配刀具处，通过锁紧信号将刀具安装到主轴上。参考程序如下：

```
PROC daoju()
    MoveL daoju_p1,v50,fine,tool0\wobj:=wobj0;  ！沿直线移动到刀具库上方
    MoveL daoju_p2,v50,fine,tool0\wobj:=wobj0;  ！沿直线移动到刀具装配处
    Set do1;  ！刀具锁紧信号打开
    MoveL daoju_p1,v50,fine,tool0\wobj:=wobj0;  ！沿直线移动到刀具库上方
ENDPROC
```

4）编写雕刻程序。在“diaoke（）”程序中，机器人末端装配有刀具，按照示教完成的路径进行雕刻。参考程序如下：

```
PROC diaoke()
    MoveL diaoke_p1,v50,fine,tool1\wobj:=wobj0;  ！沿直线移动到雕刻起始点上方
    Set do2;  ！主轴信号打开
    MoveL diaoke_p2,v5,z10,tool1\wobj:=wobj0;  ！沿直线移动到雕刻起始点
```

```
    MoveL diaoke_p3,v5,z10,tool1\wobj:=wobj0;     ! 沿直线移动到雕刻点 2
    MoveL diaoke_p4,v5,z10,tool1\wobj:=wobj0;     ! 沿直线移动到雕刻点 3
    MoveL diaoke_p5,v5,z10,tool1\wobj:=wobj0;     ! 沿直线移动到雕刻点 4
    MoveL diaoke_p6,v5,z10,tool1\wobj:=wobj0;     ! 沿直线移动到雕刻结束点
    MoveL diaoke_p7,v50,fine,tool1\wobj:=wobj0;   ! 沿直线移动到雕刻结束点上方
    Reset do2;  ! 雕刻主轴关闭
ENDPROC
```

(4) 程序调试　编写完主程序和子程序，并确保所有指令的速度值不能超过 100mm/s 后，进行程序调试。单击“调试”→“PP 移至例行程序…”→“fuwei”→“确定”，程序指针指在“fuwei”程序的第一条语句，如图 6-20 所示。

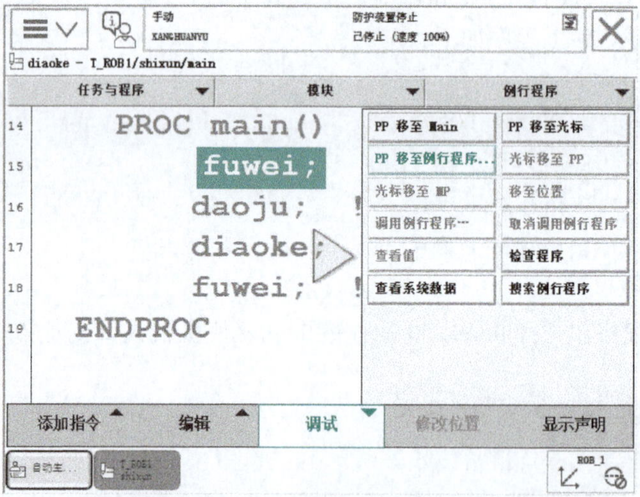

图 6-20　程序调试

做一做

总结一下示教雕刻机器人程序的注意事项。

任务三　雕刻工作站分析与设计

工作任务

通过对雕刻机器人选型因素的学习，学生能够正确选择合适的雕刻机器人型号，同时能完成雕刻动力头的选择，最终完成雕刻工作站的分析与设计。

相关知识

一、雕刻机器人选型

本案例选择的雕刻机器人型号为 ABB IRB 2600，该机器人采用优化设计，机身紧凑轻巧，节拍时间与行业标准相比最多可缩减 25%。QuickMoveTM 运动控制软件使其加速度达到很高的数值，并实现速度最大化，从而提高产能与效率。ABB IRB 2600 机器人的工作范围非常大，安装方式灵活，可轻松到达目标设备，不会干扰辅助设备。优化机器人安装，是

提高生产率的有效手段。模拟最佳工艺布局时，其灵活的安装方式能带来极大的便利。

选择雕刻机器人型号应注意以下六个方面。

1. 自由度

雕刻机器人一般要选用6关节工业机器人，这样的机器人有6个自由度，可以通过改变机器人的姿态达到各种角度，完成工件不同部位的雕刻加工。

2. 刚度

雕刻机器人要选用具有一定刚度的工业机器人，以适应雕刻时形成的冲击力。

3. 定位精度

雕刻机器人要有较高的定位精度，以保证工件雕刻的品质。

4. 工作空间

雕刻机器人的工作范围要满足工件加工对空间的需求，防止设备之间相互干涉。

5. 编程软件

对于外形为曲面且曲线比较复杂的情况，要求雕刻机器人能完成高精度的雕刻任务，这对机器人的运动编程提出了较高的要求。合理的方式是通过离线模拟仿真与在线调试配合来完成，因此需要机器人配置有功能强大的离线仿真软件系统。而对雕刻工艺的理解深度也会直接影响编程的效果，从而影响工件雕刻的质量。

6. 防护等级

雕刻作业工况恶劣，因此对机器人防护等级要求较高，一般要求防护等级为IP65。

二、雕刻动力头选型

本案例选择的雕刻主轴型号为DGZX-10036/3.5，该主轴是一款高速铣削电主轴，最高转速为36000r/min，额定功率为3.5kW。它主要应用于雕铣机及加工中心，是针对各类金属、非金属高精度铣削加工而设计的，具有发热量小、热伸长波动性小等特性，其良好的表面加工质量及热伸长波动量较适合金属（铝及其合金、铜等）、非金属（陶瓷、石墨、亚克力、玻璃等）的表面高精度加工。

雕刻机器人常用的雕刻动力头类型有：旋转锉型、锉刀型和倒角刀型。

1. 旋转锉型

旋转锉型雕刻动力头（图6-21）主要用于轻金属与非金属的雕刻，其主轴可以进行任何方向的自由移动，根据程序可以对工件边缘设置压力，且能进行弧形或固定角度的移动。

2. 锉刀型

锉刀型雕刻动力头（图6-22）适用于精密雕刻，可对金属或石材进行雕刻。其主轴可以在任何方向上自由移动，且在工件边缘可以保持压力恒定和进行弧度或固定角度移动。

3. 倒角刀型

倒角刀型雕刻动力头（图6-23）可以对孔的端面进行平面、柱面、锥面及其他型面的雕刻加工，其主轴可以轴向移动，必要的前馈力可由程序进行控制。

在选择雕刻动力头时，需要考虑雕刻工件的形状、材料及加工部位等要求。

图6-21 旋转锉型

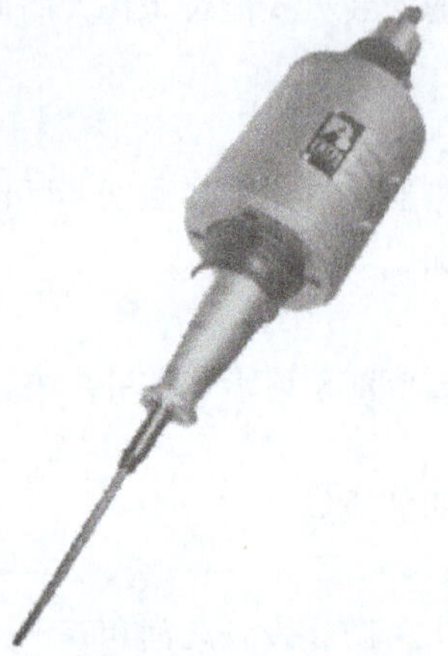

图 6-22 锉刀型

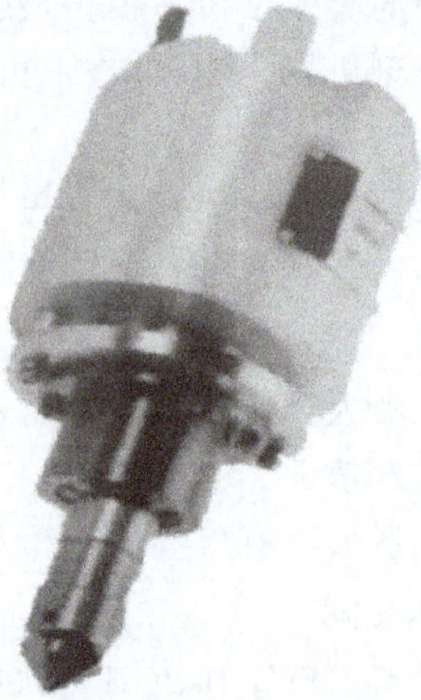

图 6-23 倒角刀型

做一做

雕刻机器人常用的三种雕刻动力头分别有哪些特点？

任务四 雕刻生产线分析与设计

工作任务

通过本任务的学习，学生应掌握雕刻机器人系统工位布局的特点及应用范围。

相关知识

雕刻机器人系统的设计以雕刻生产工艺的最佳化为目标，同时应具备良好的安全性、操作性及可靠性。系统在注重标准化的同时，设计有不同的布局结构，可对应多种雕刻工艺要求。

1. 雕刻机器人系统工位布局的特点

雕刻机器人系统工位布局通常具有以下特点：

1）双工位系统，一工位进行雕刻作业时，另一工位装卸工件，可提高工作效率。

2）具有多重安全防护功能及故障诊断功能，安全性能高，便于维护。

3）整套系统由若干模块组成，便于运输、安装和车间布局。

4）机械及电气设计符合人机工程学原理，操作方便。

5）采用通用的快换接口，可实现夹具的快速更换。

2. 雕刻机器人系统工位布局的分类

按照工位布局或运转形式的不同，雕刻机器人系统的工位布局通常分为三类：V 形、H 形和一字形。

（1）V 形布局　V 形布局充分考虑了操作和维护的方便性，适合大多数产品的雕刻。

（2）H 形布局　H 形布局与 V 形布局的特点类似，适合大多数产品的雕刻。

（3）一字形布局　一字形布局具有操作和维护方便的特点，适合大多数体积不太大、长度不太长的工件雕刻。

做一做

结合所学内容，简述雕刻机器人系统工位的各种部局之间的区别。

项目考核

项目六考核表

考核项目		分值	自评	备注
信息收集	信息收集方法	5		
	信息收集情况	5		
	团队合作	10		
项目实施	雕刻机器人介绍	20		
	解析雕刻工作站实战案例	20		
	雕刻工作站分析与设计	20		
	雕刻生产线分析与设计	20		
小计		100		

其他考核

考核人员	分值	评分	存在的问题	解决办法
（指导）教师评价	100			
小组互评	100			
自评成绩	100			
总评	100		总评分成绩 =（指导）教师评价×35% + 小组互评×25% + 自评成绩×40%	

项目小结

本项目以雕刻生产线的上下料、雕刻和检测等过程为工艺案例，系统分析了典型雕刻工作站的分类、特点、组成和基本功能，介绍了机器人雕刻的工艺流程，解析了雕刻生产线的布局和各部件的选型方法，以案例为基础重点介绍了雕刻工作站的设计方法和部分程序代码。

练习题

一、填空题

1. 雕刻机器人可分为__________、__________和混联雕刻机器人等。

2. 雕刻机器人系统由工业机器人、__________、__________、水冷机和空气压缩机等组成。

3. 选择雕刻机器人型号应注意 6 个方面，分别为自由度、__________、定位精度、__________、编程软件和__________。

4. 旋转锉型雕刻动力头主要用于__________与__________的雕刻。

5. 按照工位布局或运转形式，雕刻机器人系统工位布局通常分 V 形、__________和__________。

6. 在选择雕刻动力头时，需要考虑雕刻工件的__________、材料及__________等要求。

二、选择题

1. 下列哪些不是雕刻机器人的特点？（　　）

A. 在批量化生产过程中，由于人工的减少，产品成本大大降低。

B. 雕刻机器人根据程序进行雕刻，更精准、更稳定，可以避免工人因劳累和失误所造成的误差。

C. 雕刻机器人的工作空间更大，能够雕刻更加高大的工艺品。

D. 广泛用于汽车及其零部件制造、摩托车、工程机械、航空航天以及化工等行业。

2. 雕刻作业工况恶劣，因此对机器人防护等级要求高，一般要求防护等级为（　　）。

A. IP44　　B. IP65　　C. IP45　　D. IP55

3.（多选）雕刻机器人常用的雕刻动力头类型有（　　）。

A. 旋转锉型　　B. 锉刀型　　C. 倒角刀型　　D. 圆形

4. 关于雕刻机器人自由度的描述，正确的是（　　）。

A. 要有较高的精度，以保证工件雕刻的品质

B. 工作范围要满足工件加工对空间的需求，防止设备之间相互干涉

C. 可以通过改变雕刻机器人的姿态达到各种角度，完成工件不同部位的雕刻加工

D. 对于外形为曲面且曲线比较复杂的情况，要求雕刻机器人能完成高精度的雕刻任务，这对雕刻机器人的运动编程提出了较高的要求

5.（多选）雕刻机器人系统工位布局通常具有（　　）特点。

A. 双工位系统，一工位进行雕刻作业时，另一工位装卸工件，可提高工作效率

B. 具备多重安全防护功能及故障诊断功能，安全性能高，便于维护

C. 整套系统由若干模块组成，便于运输、安装和车间布局

D. 机械及电气设计符合人机工程学原理，操作方便

6. 雕刻机器人程序中通过（　　）来设置电主轴的转速。

A. 模拟输出信号　　B. 模拟输入信号　　C. 数字输出信号　　D. 数字输入信号

7. 雕刻机器人程序中，由 PLC 端反馈给机器人端的刀具锁紧信号属于（　　）。

A. 模拟输出信号　　B. 模拟输入信号　　C. 数字输出信号　　D. 数字输入信号

8. 雕刻机器人是一种能够实现全自动化雕刻的机器人专用工作站，在（　　）方面均有良好的表现。

A. 雕刻速度　　B. 精准程度　　C. 操作安全性　　D. 精细程度

三、判断题

1. 机器人雕刻相比于手工雕刻有很大的优势，在批量化生产过程中，由于人工的减少，产品成本大大降低。（　　）

2. 雕刻机器人技术的运用不但可以提高工艺品的加工效率，减少加工时间，而且可以完成工艺品规模化加工，因此对于雕刻机器人技术的研究得到了许多学者的重视。（　　）

3. 旋转锉型雕刻动力头可以对孔的端面进行平面、柱面、锥面及其他型面的雕刻加工。（　　）

4. 雕刻机器人运用多轴联动控制、轨迹插补和离线编程等相关技术，并结合了数控硬件结构和控制软件，可应用于模具（如轮胎模具）、图文雕刻、广告标志和工艺美术的制作。（　　）

5. 型号为 ABB IRB 2600 的机器人采用了优化设计，机身紧凑轻巧，节拍时间与行业标准相比最多可缩减 80%。（　　）

6. 雕刻机器人程序中的机器人移动速度和电主轴的转速成比例关系，在增加或减小速度时，应当两种参数同时进行修改。（　　）

7. 多机器人协同作业受雕刻尺寸的限制。使用多机器人协作与协调控制算法、合理规划多个机器人位置、分解雕刻任务及多机器人协调控制均可提高雕刻的效率。( )

四、简答题

1. 雕刻机器人的主要的技术特点有哪些?

2. 简述雕刻机器人程序设计的整体思路。

3. 总结示教雕刻机器人程序的注意事项。

4. 雕刻机器人常用的三种雕刻动力头分别有哪些特点?

ROBOT

项目七 打磨应用实战

项目导读

使用打磨工业机器人替代人工处理工件表面的毛刺，不仅省时，而且抛光、打磨效果好，效率极高，避免了抛光、打磨作业对工人的身体伤害，降低了空气和噪声污染。

项目学习目标

知识目标	能力目标	素养目标
1. 了解打磨机器人的分类及特点 2. 掌握打磨机器人的系统组成及功能 3. 掌握打磨机器人系统的工艺流程、特点及操作步骤 4. 掌握打磨机器人工作环节的基本设计方法 5. 拓展打磨机器人工作环节中的相关工艺知识	1. 通过打磨机器人系统的工艺流程、特点及操作步骤的学习，学生应掌握科学规范的编程能力 2. 通过对打磨工作站的分析与设计，培养学生分析问题和解决问题的能力 3. 在应用实战过程中，掌握合理利用与支配各类资源的能力 4. 通过拓展打磨机器人系统中的相关工艺知识，培养学生获取信息并利用信息的能力 5. 通过拓展学习，强化学生自我认知、自主学习的能力	1. 在小组合作学习过程中，培养学生的团队协作意识 2. 通过设计打磨工作站，培养学生的创新精神和缜密的科学思维方式 3. 通过打磨应用实战，培养学生建立良好的职业习惯和严谨的工作态度 4. 通过本项目的学习，培养学生严谨求实、精益求精的工匠精神

项目实施

本项目主要分四个任务对打磨工作站的工艺设计进行介绍，学生要在应用实战中明确学习要点，系统地掌握打磨工作站的工艺设计方法。

任务一 打磨机器人认知

工作任务

通过对本任务的学习，学生应了解打磨机器人的分类、特点、系统组成及功能等相关基础知识，并能独立介绍打磨机器人系统。

相关知识

打磨机器人系统可用于压铸工作站及硬模浇注、砂型铸造和制芯等工序的常规作业。随着经济及技术的发展，抛光、打磨机器人系统集成产品和柔性机器人自动化解决方案具有巨大的应用市场，已经广泛应用于卫浴行业、IT 行业、汽车零部件、工业零件、医疗器械和民用产品等高精度的抛光、打磨行业，可进行锯削、磨削、抛光、錾削、铣削、去飞边、磨光和去毛刺等。打磨机器人大多数为六轴机器人。

打磨机器人控制系统能按照输入程序对驱动系统和执行机构发出指令信号进行控制。通过示教或离线编程，可控制打磨机器人的速度、姿态、腕部角度和末端工具位置，充分满足各类工件不同部位的打磨、抛光以及去毛刺等各种加工要求。与传统的打磨抛光机床及手工打磨相比，打磨机器人具有如下特点：

1）加工过程几乎完全自动化，工作效率大大提升。

2）具有高度柔性和适应能力，同套设备经过适当调整可快速实现加工其他规格产品的能力，大大提高了设备的使用率。

3）由于打磨机器人具有多个自由度，特别适合曲面加工。

4）在打磨抛光过程中，打磨机器人可实现更快速、更可靠以及更系统的控制。

5）可提高打磨质量，产品精度高且稳定性好。

由于打磨时会产生刺耳的高频噪声，而且打磨粉尘也会对车间造成污染。因此，如果条件允许，打磨机器人一般应放置于消音房中，采用吸、隔音墙体，降低噪声；房顶采用除尘管道，其接口可以连接车间的中央除尘系统，浮尘可用除尘系统进行处理，大颗粒灰尘会沉积下来，要定期由人工清扫。

一、打磨机器人的分类及特点

根据末端执行器性质的不同，打磨机器人可分为两大类：机器人持工件和机器人持工具，如图 7-1 所示。

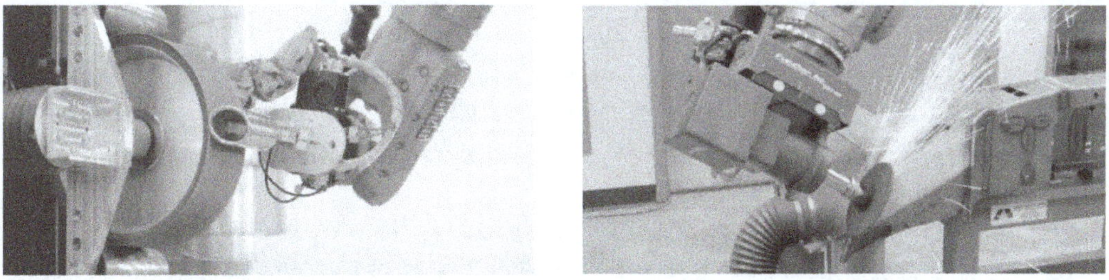

a) 机器人持工件　　b) 机器人持工具

图 7-1　打磨机器人分类

1. 机器人持工件

机器人持工件通常用于小工件的处理，机器人通过其末端执行器抓取待打磨工件，并操作工件在打磨设备上进行打磨。一般在机器人的周围有一台或数台工具，这种方式应用较多，其特点如下：

1）可以实现复杂几何形状工件的打磨。

2）可将打磨后的工件直接放到发货架上，容易实现现场流线化。

3）可在一个工位完成机器人的装件、打磨和卸件，投资相对较小。

4）可以采用大功率打磨设备，使打磨设备的维护周期加长，打磨的速度加快。

5）可以采用相对便宜的打磨设备。

2. 机器人持工具

机器人持工具一般用于大型工件或对于机器人来说比较重的工件。机器人末端持有打磨抛光工具并对工件进行打磨抛光。工件的装卸可由人工进行，机器人可自动从工具架上更换所需的打磨工具。通常要采用力控制装置来保证打磨工具与工件之间的压力恒定，补偿打磨头的进给量，使打磨质量更平滑均匀，同时也能简化示教。这种方式有如下特点：

1）工具要求结构紧凑、质量轻。

2）打磨头的尺寸小、消耗快，需频繁更换。

3）可以从工具库中选择和更换所需的工具。

4）可以用于磨削工件的内部表面。

二、打磨机器人的系统组成及功能

机器人持工具的打磨机器人系统主要包括工业机器人、控制柜、示教器和打磨作业系统等，如图 7-2 所示。

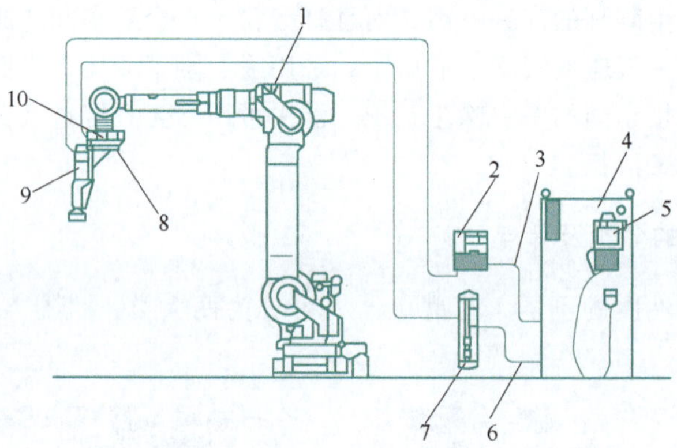

图 7-2　打磨机器人的系统组成

1—工业机器人　2—变频器　3—工具转速控制电缆　4—控制柜　5—示教器　6—力传感器控制电缆
7—力传感器控制器　8—自动快换装置（ATC）　9—末端执行器（打磨动力头）　10—力传感器

打磨作业系统包括打磨动力头、变频器、力传感器、力传感器控制器和自动快换装置等。

（1）打磨动力头　打磨动力头是一种用于机器人末端进行自动化打磨的装置，如图 7-3 所示。

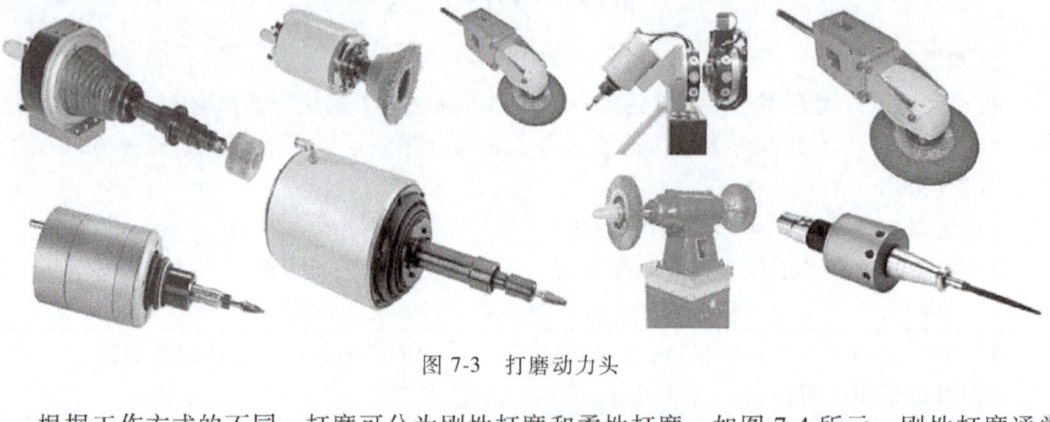

图 7-3　打磨动力头

根据工作方式的不同，打磨可分为刚性打磨和柔性打磨，如图 7-4 所示。刚性打磨通常应用在工件表面较为平缓的场合，由于刚性打磨头与工件之间属于硬碰硬性质的应用，很容易因工件尺寸偏差和定位偏差造成打磨质量下降，甚至会损坏工具；而在工件表面比较复杂的情况下，一般采用柔性打磨，柔性打磨头中的浮动机构能有效避免工具和工件的损坏，补偿打磨进给量及定位等各方面的误差，使工具的运行轨迹与工件表面轮廓一致，实现跟随加工，保证打磨质量。实际应用过程中，要根据工件及工艺要求的不同，选用合适的刚性或柔性打磨动力头。

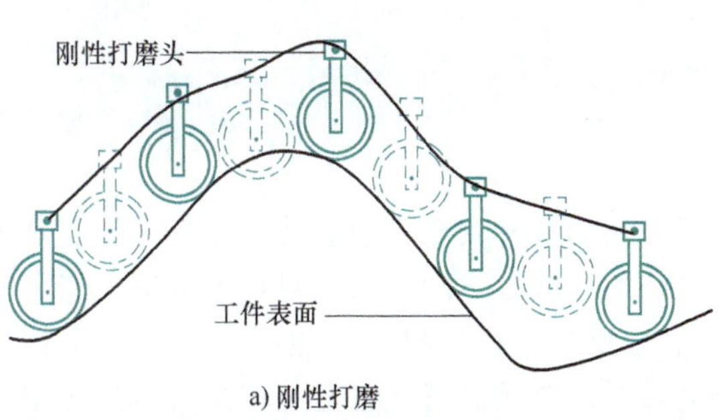

图 7-4 打磨方式

（2）变频器 变频器是利用电力半导体器件的通断作用将工频电源（通常为 50Hz）变成频率连续可调的电能控制装置。它本质上是一种通过频率变换方式来进行转矩（速度）和磁场调节的电机控制器，如图 7-5 所示。

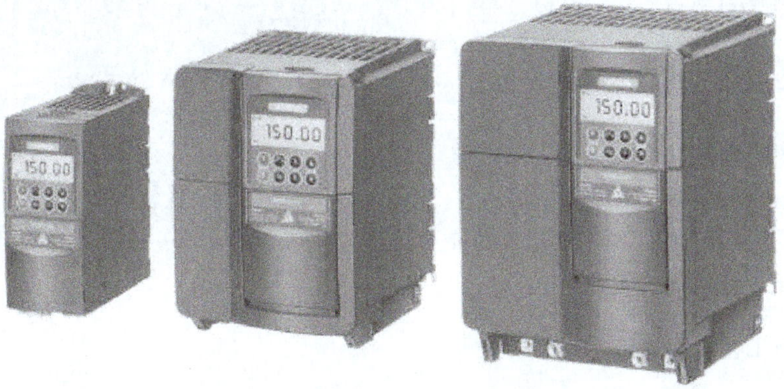

图 7-5 变频器

（3）自动快换装置 在多任务作业环境中，一台工业机器人应能够完成抓取、搬运、安装、打磨和卸料等多种任务。自动快换装置可让工业机器人能够根据程序要求和任务性质自动快速更换末端执行器，并从工具库中选择和更换所需的工具，如图 7-6 所示。

图 7-6 自动快换装置

做一做

结合所学内容，说一说你对打磨机器人有哪些了解。

任务二 打磨工作站实战案例解析

工作任务

本任务将设计一个打磨工作站，自主选择正确的工艺流程并设计工艺步骤，再根据工艺步骤进行机器人示教编程。尝试以个人或小组为单位设计打磨机器人工作站并记录所选用的设备及具体参数。

相关知识

一、案例背景

传统的人工打磨作业高强度的工作特性及其引发的各种安全隐患，使人工打磨作业已不适合企业的长远发展。而打磨机器人能够保持工件的一致性，随着人们对环境保护、安全性的日益重视，以及进一步提高产品质量和生产率的要求，打磨机器人也受到前所未有的关注。打磨机器人在汽车零部件、卫浴五金、家电及医疗器械等行业已经有较为成熟的应用。

二、案例介绍

如图 7-7 所示，打磨机器人与其他系统协作配合，可以完成半成品金属件的去毛刺和打磨。

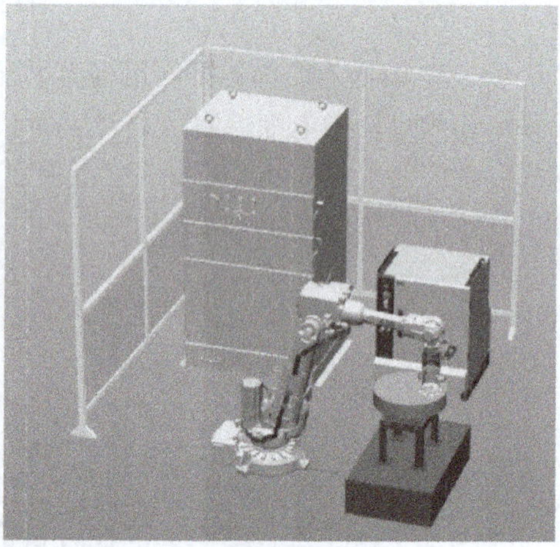

图 7-7　打磨工作站

三、案例学习要点

学习本案例要注意以下学习要点：

1）各个子系统在工作之前要调零、校准，保证子系统的正常运转。

2）力控设备对打磨系统至关重要。

3）注意打磨系统各个模块之间的完整性与结构性，保证系统运行的合理与流畅。

四、案例工艺流程

从宏观需求角度来看，打磨工作站实战案例的工艺流程设计将以串行方式实现，具体的工艺流程如图 7-8 所示。

图 7-8　打磨工作站实战案例工艺流程图

启动打磨程序，除尘系统开启，打磨机器人按既定程序开始打磨工作。当工件表面粗糙度值很大时，末端执行器会自动补偿打磨头的进给量，确保打磨任务顺利完成。打磨完成后，打磨动力头停止工作，除尘系统关闭。

五、案例设备参数

本案例中涉及的设备参数见表 7-1。

六、案例工艺步骤

根据本案例工艺流程制订的具体工艺步骤如下。

1. 打磨机器人配置

PLC 与打磨机器人通过 PROFINET 总线方式进行通信，机器人在控制模块中选配 888-2

Profinet Controller/Device 功能，配置机器人的 IP 地址及网关，配置机器人 PROFINET 的名称，输入输出字节，完成机器人的配置，如图 7-9、图 7-10 所示。

表 7-1 打磨工作站案例设备参数

设备名称	型号	品牌	设备参数
打磨机器人	ABB IRB 2600	ABB	臂展：1.65m 负载：20kg
PLC	S7-1214C	西门子	14DI 16DO DC/DC/DC
除尘器	G400	格威莱德	400V 50Hz 2.2kW
打磨动力头	ACT390	ATI	最大转速：10000r/min
气动马达电磁阀	4V210-08-B	亚德客	DC 24V

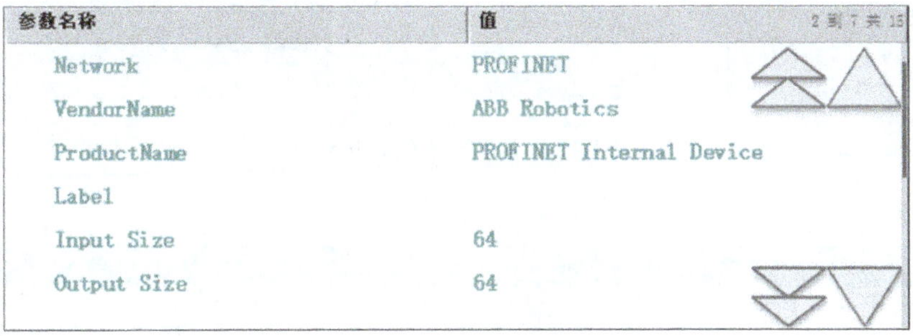

图 7-9 打磨机器人配置 1

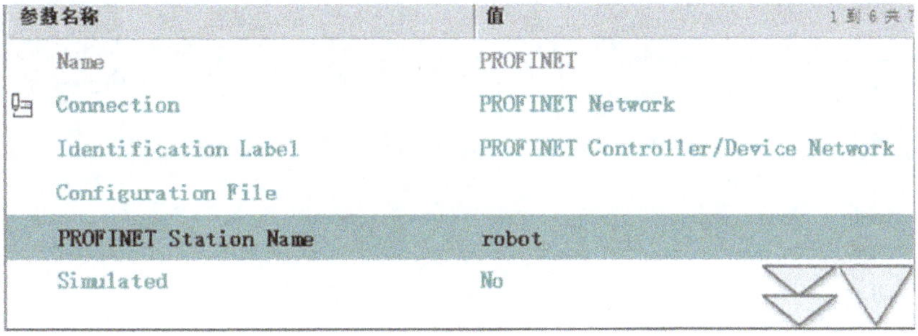

图 7-10 打磨机器人配置 2

2. PLC 与机器人通信配置

用 PLC 获取机器人对应型号版本的 GSD 配置文件，在博途软件中进行安装，设置 IP 地址、名称与机器人设置的 IP 和名称保持一致。完成后给机器人配置 I/O 模块并设置地址。将配置好的文件下载到 PLC 中，即可实现 PLC 与机器人进行多字节数据的通信功能。PLC 与机器人通信配置过程如图 7-11～图 7-16 所示。

3. 打磨参数设置

工作前先进行打磨参数设置，包括进给速度、进给量、打磨盘转速和打磨工作压力等，如图 7-17 所示。

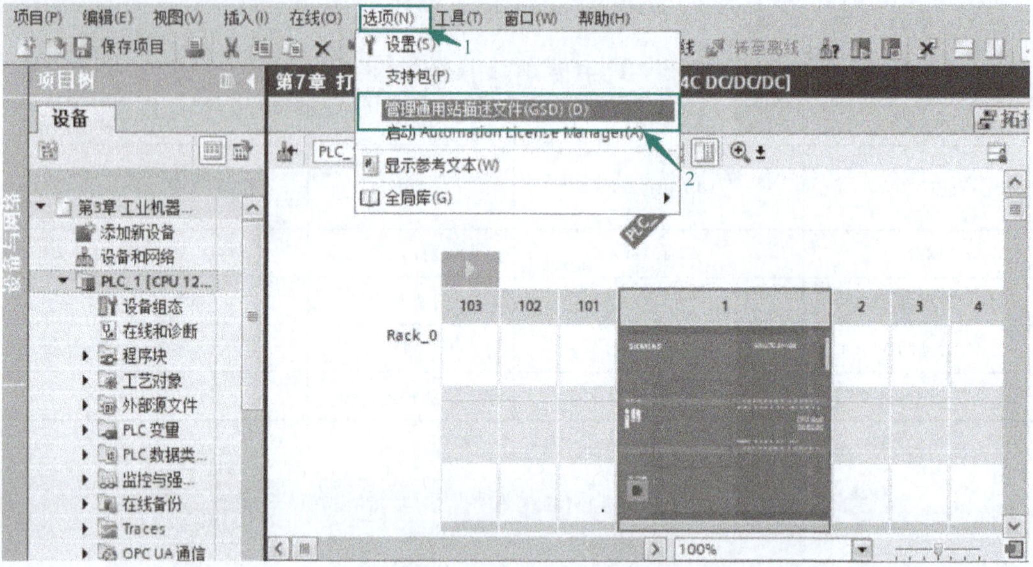

图 7-11　打开配置 GSD 选项功能

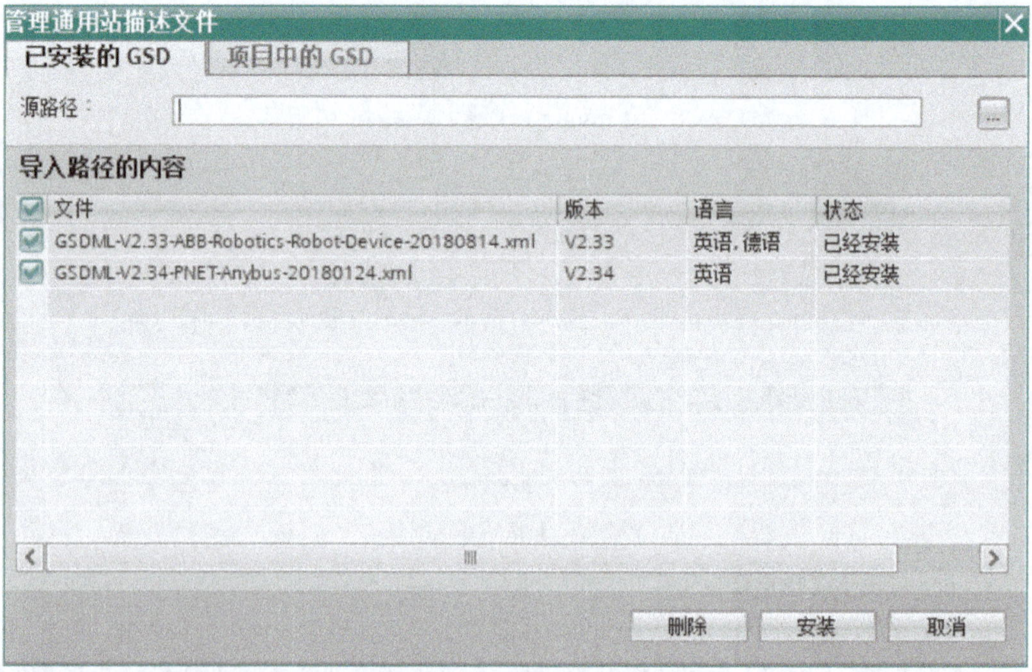

图 7-12　选择需要添加的 GSD 文件

4. 打磨准备

启动打磨程序，打磨机器人装配带有力控执行器的打磨盘，移动至工件处，并将到位信号传送给 PLC，如图 7-18 所示。

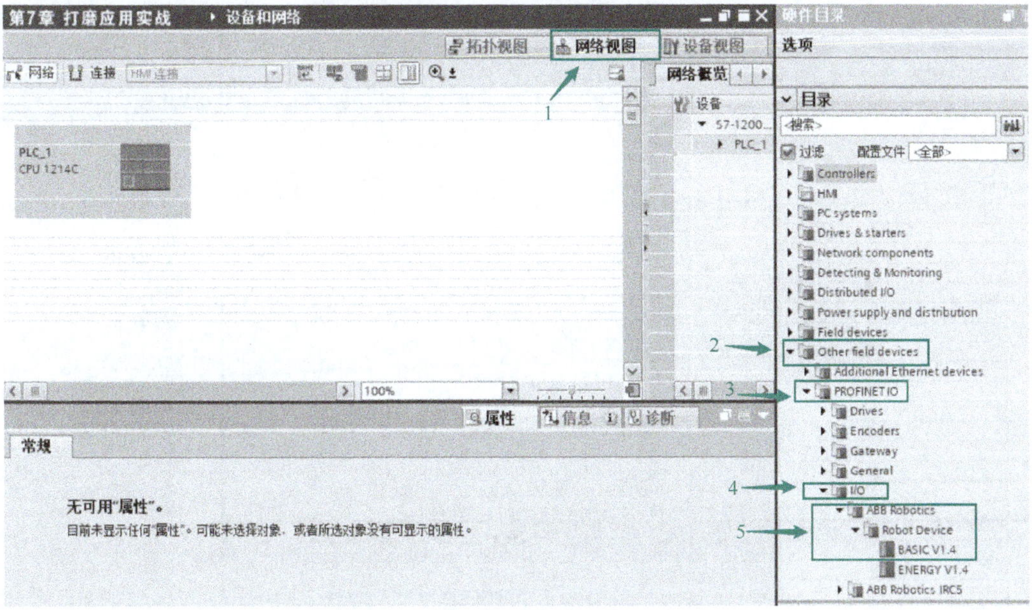

图 7-13　在网络视图中添加机器人设备

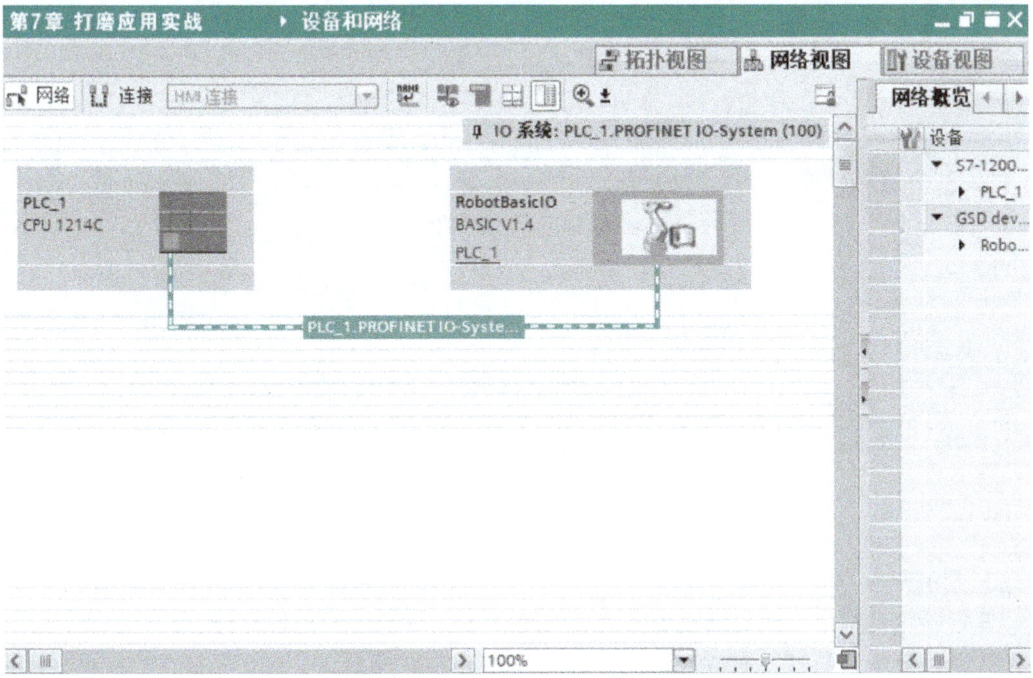

图 7-14　建立机器人与 PLC 之间连接

5. 开启除尘系统

PLC 接收到打磨机器人到位信号后，开启除尘系统，如图 7-19 所示。

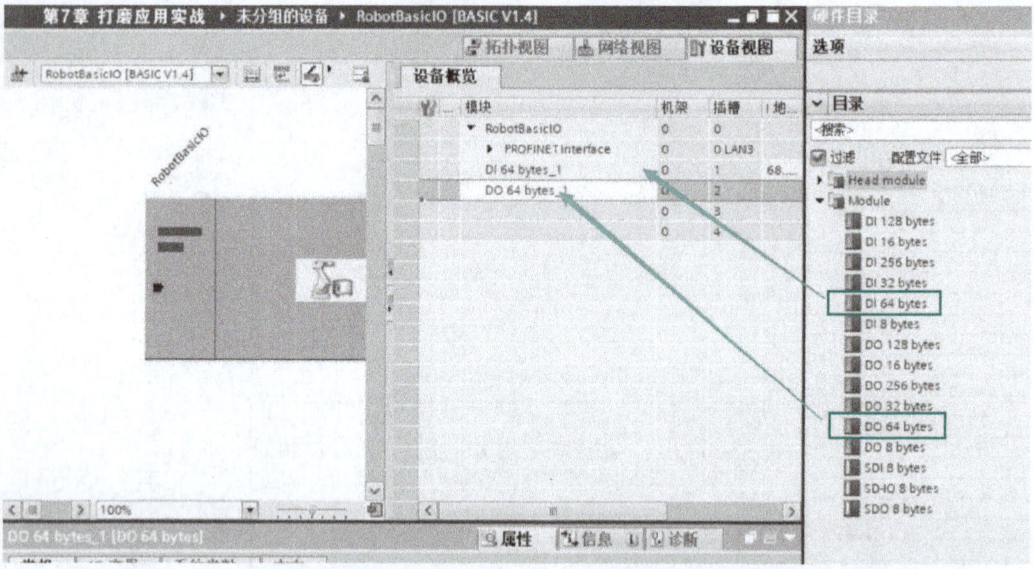

图 7-15 分配与 PLC 信息交互数据区

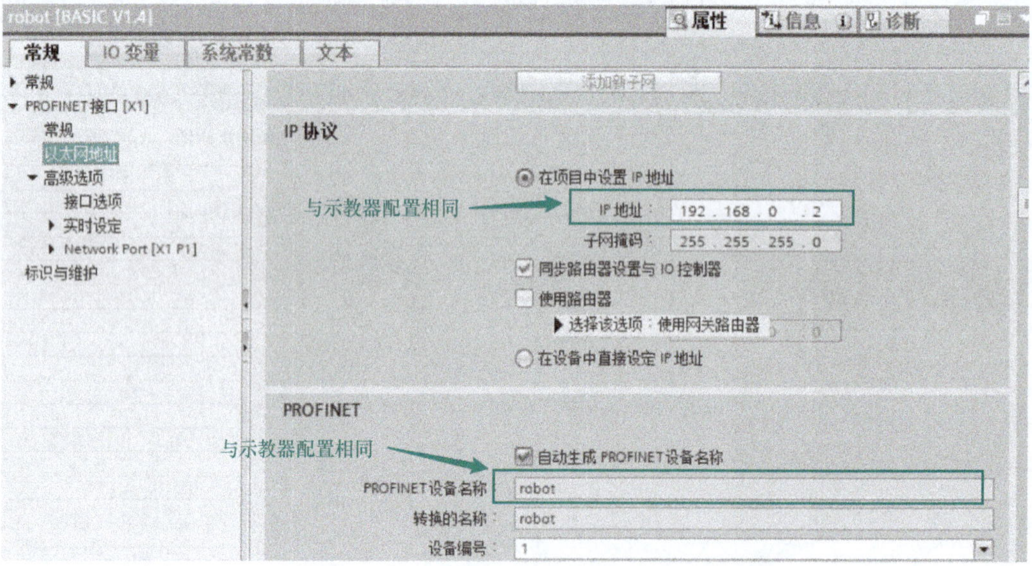

图 7-16 分配机器人 IP 地址和 PROFINET 设备名称

6. 打磨开始

开启除尘系统后，向打磨机器人发送打磨指令，打磨机器人启动打磨头电动机，并按程序设计路径及配置的打磨参数开始进行打磨，如图 7-20 所示。

7. 打磨补偿

当工件表面粗糙度值出现略大的偏差或定位的位置有偏差时，力控执行器将补偿工件表面加工精度的偏差、工件摆放的位置偏差、机器人定位的偏差及磨料损耗的偏差，始终以恒定的接触力作用在工件表面，如图 7-21 所示。

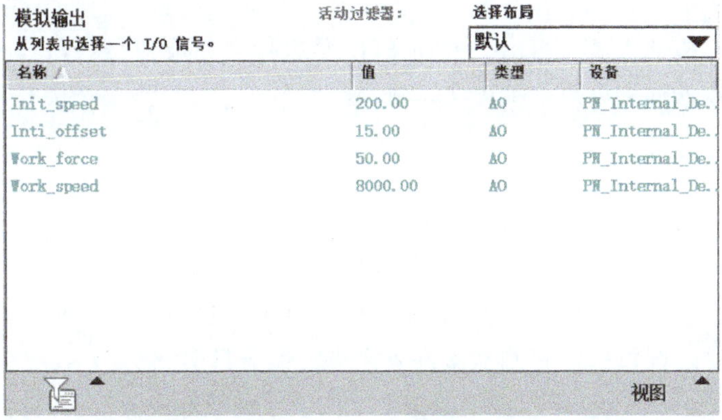

图 7-17　打磨参数设置

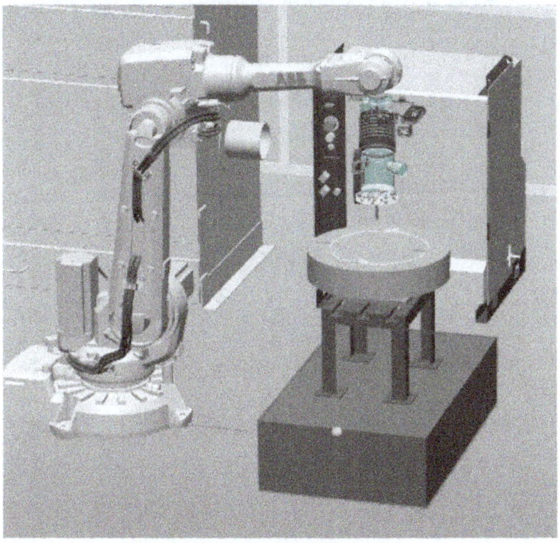

图 7-18　打磨准备

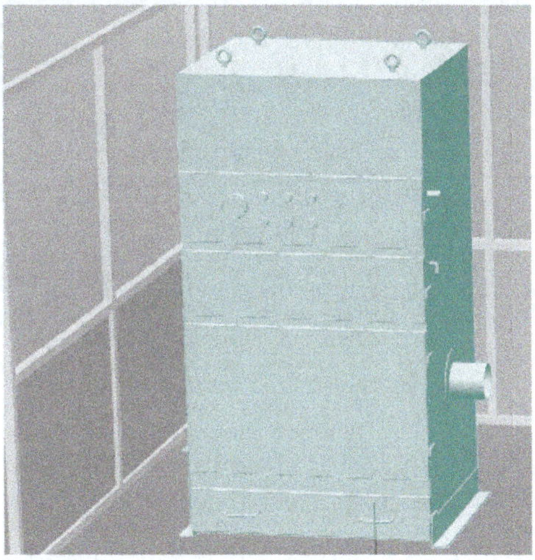

图 7-19　开启除尘系统

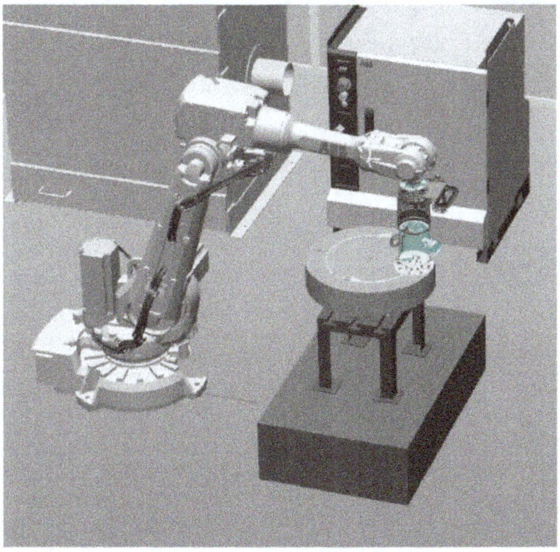

图 7-20　打磨开始

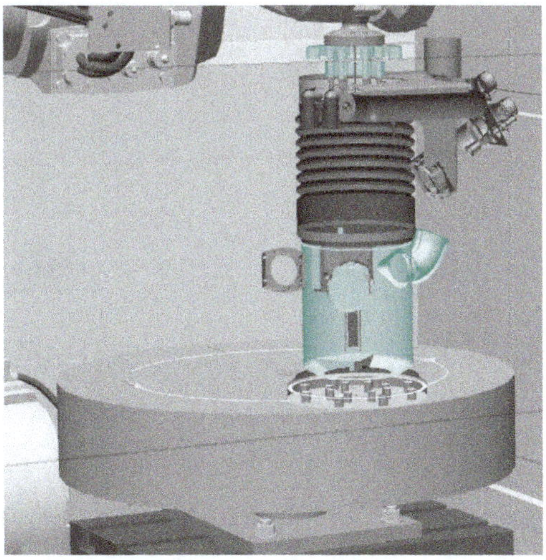

图 7-21　打磨补偿

8. 打磨完成

打磨完成后，机器人停止打磨，并向 PLC 发送打磨完成信号，PLC 关闭打磨头电动机及除尘系统，机器人回到原点，如图 7-22 所示。

七、案例工艺示教

根据上述工艺步骤，进行机器人示教编程。

1. 任务描述

机器人通过末端执行器的打磨盘（图 7-23）对工件进行打磨。根据打磨工艺，机器人要完成的任务是通过圆弧指令将圆盘工件表面进行覆盖打磨。

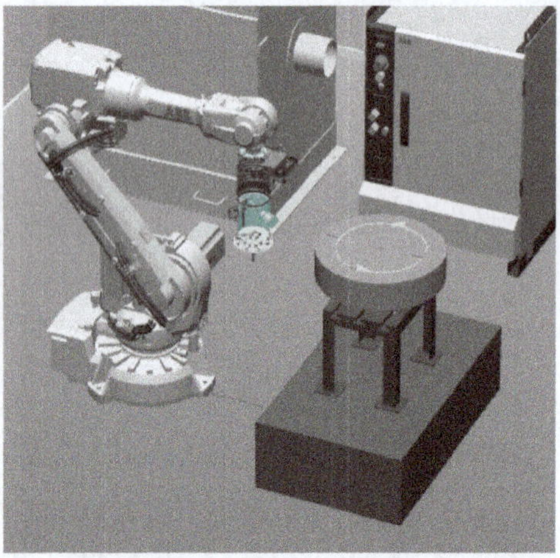

图 7-22　打磨完成

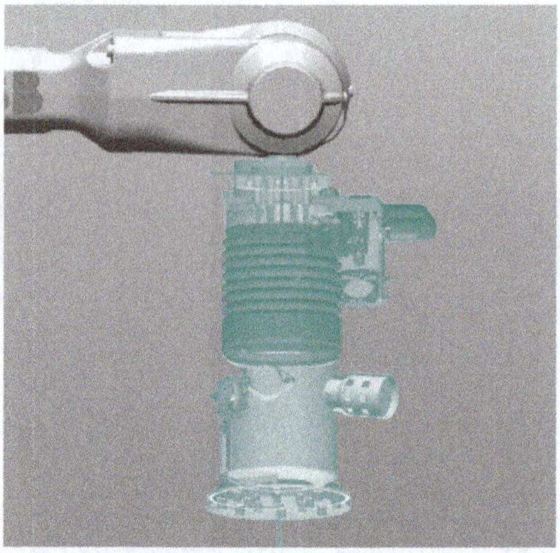

图 7-23　末端执行器打磨盘

2. 任务实施

（1）设计机器人程序流程（图 7-24）

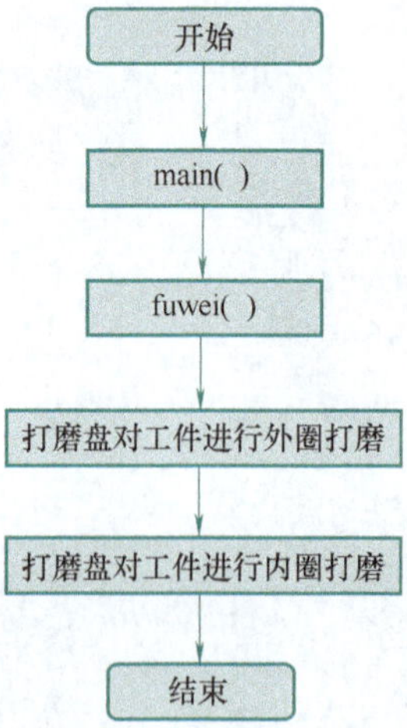

图 7-24　程序流程图

（2）列出机器人运动示教点（表 7-2）

表 7-2 机器人运动示教点

序号	示教点、信号和坐标系	说明	备注
1	damo_home	机器人原点	需示教
2	damo_p1	打磨外圆起始点上方	需示教
3	damo_p2	打磨外圆起始点	需示教
4	damo_p3	打磨外圆弧 1 过渡点	需示教
5	damo_p4	打磨外圆弧 1 结束点	需示教
6	damo_p5	打磨外圆弧 2 过渡点	需示教
7	damo_p6	打磨外圆弧 2 结束点	需示教
8	damo_p7	打磨内圆起始点上方	需示教
9	damo_p8	打磨内圆起始点	需示教
10	damo_p9	打磨内圆弧 1 过渡点	需示教
11	damo_p10	打磨内圆弧 1 结束点	需示教
12	damo_p11	打磨内圆弧 2 过渡点	需示教
13	damo_p12	打磨内圆弧 2 结束点	需示教
14	tool1	打磨动力头工具坐标系	需建立
15	tool0	默认工具坐标系	无需建立
16	wobj0	默认工件坐标系	无需建立
17	do1	打磨动力头信号	1 为打开

（3）机器人程序设计 机器人程序设计包括：主程序“main（）”、复位程序“fuwei（）”，外圆打磨程序“waiyuan（）”和内圆打磨程序“neiyuan（）”。

1）编写主程序。参考程序如下：

```
PROC main()
    fuwei;      ! 调用复位子程序
    waiyuan;    ! 调用外圆打磨子程序
    neiyuan;    ! 调用内圆打磨子程序
    fuwei;      ! 调用复位子程序
ENDPROC
```

2）编写复位程序。在“fuwei（）”程序中，要使机器人回到原点，将所有信号复位。参考程序如下：

```
PROC fuwei()
    Reset do1;  ! 打磨动力头关闭
    MoveJ damo_home,v100,fine,tool0\wobj:=wobj0;  ! 移动到机器人原点
ENDPROC
```

3）编写外圆打磨程序。在“waiyuan（）”程序中，先将机器人末端的打磨动力头移动到一个合适的高度，然后慢慢贴近工件，按照规划轨迹对工件外圆进行打磨。参考程序如下：

```
PROC waiyuan()
```

```
    MoveL damo_p1,v100,fine,tool1\wobj:=wobj0;! 沿直线运动到打磨外圆起始点上方
    MoveL damo_p2,v10,fine,tool1\wobj:=wobj0; ! 沿直线运动到打磨外圆起始点
    Set do1;                                  ! 打磨动力头开启
    MoveC damo_p3,damo_p4,v100,z10,tool1\wobj:=wobj0;
                                              ! 沿弧线开始打磨第一段圆弧
    MoveC damo_p5,damo_p6,v100,z10,tool1\wobj:=wobj0;
                                              ! 沿弧线开始打磨第二段圆弧
    Reset do1;                                ! 打磨动力头关闭
    MoveL damo_p1,v100,fine,tool1\wobj:=wobj0;! 沿直线运动到打磨外圆起始点上方
ENDPROC
```

4）编写内圆打磨程序。在“neiyuan（）”程序中，先将机器人末端的打磨动力头移动到一个合适的高度，然后慢慢贴近工件，按照规划轨迹对工件内圆进行打磨。参考程序如下：

```
PROC neiyuan()
    MoveL damo_p7,v100,fine,tool1\wobj:=wobj0;! 沿直线运动到打磨内圆起始点上方
    MoveL damo_p8,v10,fine,tool1\wobj:=wobj0; ! 沿直线运动到打磨内圆起始点
    Set do1;                                  ! 打磨动力头开启
    MoveC damo_p9,damo_p10,v100,z10,tool1\wobj:=wobj0;
                                              ! 沿弧线开始打磨第一段圆弧
    MoveC damo_p11,damo_p12,v100,z10,tool1\wobj:=wobj0;
                                              ! 沿弧线开始打磨第二段圆弧
    Reset do1;                                ! 打磨动力头关闭
    MoveL damo_p7,v100,fine,tool1\wobj:=wobj0;! 沿直线运动到打磨内圆起始点上方
ENDPROC
```

（4）程序调试　编写完主程序和子程序，并确保所有指令的速度值不超过 100mm/s 后，进行程序调试。单击“调试”→“PP 移至例行程序…”→“fuwei”→“确定”，程序指针指在“fuwei”程序的第一条语句，如图 7-25 所示。

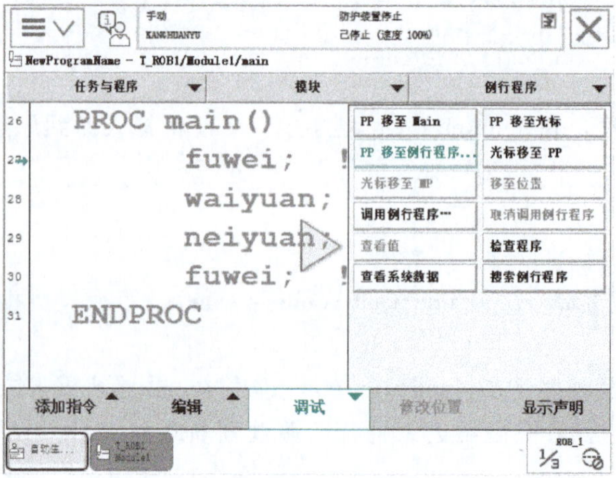

图 7-25　程序调试

做一做

总结示教打磨机器人程序编写的难点。

任务三 打磨工作站分析与设计

工作任务

通过对本任务的学习，学生应能够正确选择合适的打磨机器人型号，同时能完成对打磨动力头、砂带机和变频器的选择，最终完成打磨工作站的设计。

相关知识

一、打磨机器人选型

本案例选择的机器人型号为 ABB IRB 2600，该机器人工作范围很大，安装方式灵活，可轻松到达目标设备，不会干扰辅助设备。选择打磨机器人型号应注意以下六个方面。

1. 自由度

打磨机器人一般要选用 6 关节工业机器人，这样的机器人有 6 个自由度，可以通过改变机器人姿态达到各种角度，完成工件不同部位的打磨加工。

2. 刚度

打磨机器人要选用具有一定刚度的工业机器人，以适应打磨过程中形成的冲击力。

3. 定位精度

打磨机器人要有一定的定位精度，以保持工件打磨的一致性。高精度打磨，则要选用精度较高的工业机器人。

4. 工作空间

打磨机器人的工作范围要满足加工对空间的需求，防止设备之间相互干涉。

5. 编程软件

对于类似水龙头等工件的打磨抛光工艺来说，其外形为曲面，且曲线比较复杂，要求机器人能完成高精度的数千点打磨轨迹，这对机器人的运动编程提出了较高的要求。合理的方式是通过离线模拟仿真与在线调试配合来完成，因此需要机器人配置有功能强大的离线仿真软件系统。对打磨工艺的理解深度会直接影响编程的效果，从而影响工件打磨后的质量。

6. 防护等级

打磨作业工况恶劣，因此对机器人防护等级要求高，一般要求防护等级为 IP65。

二、打磨动力头选型

本案例选择的打磨动力头型号为 ACT390。该打磨动力头可以进行精确的闭环控制，能够跟随工件表面的变化自动弹性伸缩，从而达到与接触面之间力的恒定，广泛应用于机器人对物体表面的打磨。机器人柔性力控感知技术可实现机器人对力的柔性控制，在运行过程中主动适应工件表面形状的变化，成为应对抛光、打磨作业方式弊端的有效解决方案之一。

打磨机器人常用的柔性打磨动力头类型有旋转锉型、锉刀型、刷子型、倒角刀型和磨削抛光型，如图 7-26 所示。

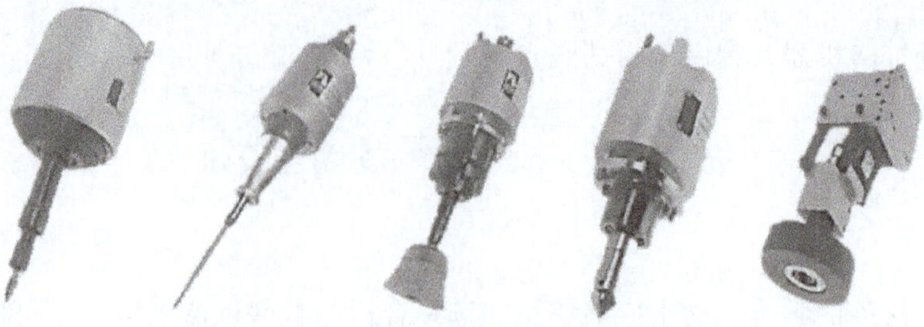

a) 旋转锉型　b) 锉刀型　c) 刷子型　d) 倒角刀型　e) 磨削抛光型

图 7-26　柔性打磨动力头的分类

1. 旋转锉型

旋转锉型打磨动力头主要用于轻金属与非金属的去毛刺，它能保证在任何角度都有统一的打磨质量和速度。其主轴可以进行任何方向的自由移动，根据机器人程序可以对工件边缘设置压力，且能进行弧形或固定角度的移动。

2. 锉刀型

锉刀型打磨动力头适用于狭窄的凹槽类工件的去毛刺，可用于金属或非金属工件，尤其是压铸铝合金件。其主轴同样可以在任何方向自由移动，且在工件边缘可以保持压力恒定和进行弧度或固定角度移动。

3. 刷子型

刷子型打磨动力头用于机加工后去除工件毛刺，尤其是毛刺比较多的边缘区域及需要表面处理的地方。去毛刺时，所需施加的压力是通过机器人程序来控制的，而刷子的摩擦力则通过传感器和补偿程序进行控制。

4. 倒角刀型

倒角刀型打磨动力头可以进行平面、柱面、锥面及其他型面的打磨加工，适用于在已加工出的孔上加工圆柱形沉头孔、锥形沉头孔和端面凸台等场合。其主轴可以轴向移动，必要的前馈力可由程序进行控制。

5. 磨削抛光型

磨削抛光型打磨动力头可用于几乎所有材料的表面抛光。必要的时候，其主轴也可以轴向移动，压力可由程序进行控制。

选择打磨动力头时，需要结合打磨工件的形状、材料及加工部位等因素进行考虑。

三、打磨砂带机选型

打磨砂带机主要有三个关键部件，分别为砂带驱动电动机、砂带和接触轮。

1. 砂带驱动电动机

砂带驱动电动机决定了带轮的速度和砂带的线速度。砂带驱动电动机的选择主要考虑电动机的功率、转速范围及防护等级等因素，另外还要考虑运行过程中是否为无级变速及是否有特殊的控制要求等。例如，在水龙头打磨抛光加工中，根据水龙头毛坯表面与砂带接触时产生的磨削力和砂带宽度，计算出加工的实际转矩，从而确定驱动电动机的功率大小。考虑到驱动电动机是连续运行并且长时间处于金属粉尘的环境中，需要选择防护等级较高的驱动电动机。

2. 砂带

在同一磨削速度下，随砂带粒度变细，工件的表面粗糙度值减小，细磨粒加工中产生的划痕及隆起也会变小。另外，同一粒度的磨粒在不同寿命期时表面粗糙度也不一样。一般先选用 180#~240#的砂带进行精磨加工；去除了大部分的不规则余量后，再使用 240#~400#的砂带进行粗抛加工，减小产品的表面粗糙度值；最后使用 500#~800#的砂带，进行精抛，达到产品要求的表面粗糙度值。

砂带基材的柔性对表面粗糙度也有影响。柔性越大的砂带所能达到的表面粗糙度值越小。动物胶黏剂砂带加工的工件表面粗糙度值比合成树脂黏剂砂带加工的小。砂带接头增厚和变硬也会使表面粗糙度增大，所以精细抛光时选用柔软平整、厚度均匀的砂带为好。

3. 接触轮

接触轮的主要作用是支撑砂带和调节砂带的有效工作面积。接触轮的材料和安装方式也会影响工件打磨、抛光的精度。接触轮的硬度与砂带磨削的表面粗糙度值呈线性关系，接触轮越硬，工件的表面粗糙度值越大，反之则越小。一般来说，接触轮直径越大，加工时接触面积越大，工件的表面粗糙度值越小。接触轮表面是否开槽、开槽的角度及尺寸对表面粗糙度值的影响是：光滑表面接触轮比开槽表面接触轮所加工的工件表面粗糙度值更小。接触轮的不平衡和圆度误差会造成磨削时的振动，使工件的表面粗糙度值增大，故接触轮的动平衡和外圆修整是获得较小的表面粗糙度值的重要措施。

四、变频器选型

打磨砂带机中砂带的线速度直接影响产品的质量。提高线速度在一定范围内可以提高工件的材料去除率，因为在单位时间内参与工作的磨粒数量会随砂带线速度提高而增加；但是当砂带的线速度过高时，工件的材料去除率反而会逐渐降低，原因是线速度越高，工件毛坯的反作用力也会随之增大，这种反作用力达到一定程度时会阻碍磨粒的切削，此时工件的材料去除率反而降低了。在打磨机器人系统中，通过变频器控制电动机的转速，可以此来找到一个合适的线速度。在选择变频器时可以按变频器容量、负载类型和应用场合进行选择。

1. 按变频器容量选型

变频器容量的选择要考虑变频器容量与电动机容量的匹配，容量偏小会影响电动机有效力矩的输出，影响系统的正常运行，甚至损坏装置；而容量偏大，则电流的谐波分量会增大，也增加了设备投资。

2. 按负载类型选型

若为恒转矩负载，则需选择通用型变频器；若为风机、水泵类负载，则应选择风机、水泵类变频器；若负载的起动转矩大且要求过载能力大时，则选择重载型变频器。

3. 按应用场合选型

高环境温度、高开关频率、高海拔高度等会引起变频器的降容，需放宽一档选择变频器的功率。

做一做

简述打磨机器人选型的六个主要因素。

任务四　打磨生产线分析与设计

工作任务

通过本任务的学习，学生应掌握打磨机器人系统工位布局的特点及应用范围。

相关知识

打磨机器人系统的设计以打磨生产工艺的最佳化为目标，同时应具备良好的安全性、操作性及可靠性。在注重标准化的同时，设计有不同的系统工位布局，可应对多种打磨工艺要求。

1. 打磨机器人系统工位布局的特点

打磨机器人系统工位布局通常具备以下特点：

1）双工位系统，一工位进行打磨作业时，另一工位装卸工件，可提高工作效率。

2）具备多重安全防护及故障诊断功能，安全性能高，便于维护。

3）整套系统由若干模块组成，便于运输、安装和车间布局。

4）机械及电气设计符合人机工程学原理，操作方便。

5）采用通用的夹具接口，可实现夹具快速更换。

2. 打磨机器人系统工位布局的分类

按照打磨工位的布局或运转形式，打磨机器人系统工位布局通常分为五大类：V 形布局、H 形布局、一字形布局、水平回转型布局和垂直翻转型布局。

（1）V 形布局　V 形布局充分考虑了操作和维护的方便性，适合大多数产品的打磨。

（2）H 形布局　H 形布局与 V 形布局的特点类似，适合大多数产品的打磨。

（3）一字形布局　一字形布局具有操作和维护方便的特点，适合大多数体积不太大、长度不太长的工件打磨。

（4）水平回转型布局　水平回转型布局（图 7-27a）内的三轴水平回转变位机（图 7-27b）用于夹具回转和将两个夹具变换位置。其中用于工件打磨与装卸位置转换的水平回转机构采用外部轴、伺服电动机和交流变频电动机驱动，通过齿轮副驱动工作台水平回转，回转范围为±180°，回转到位后由气动装置精确定位，保证打磨精度。该布局适合大多数体积不太大、长度不太长的工件的打磨。

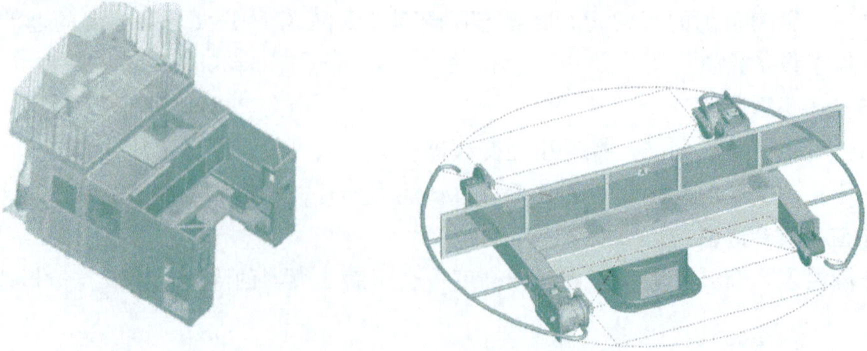

a) 整体布局　　　　b) 三轴水平回转变位机

图 7-27　水平回转型布局

(5) 垂直翻转型布局　垂直翻转型布局（图 7-28a）采用双持三轴垂直翻转变位机（图 7-28b），可实现大轴垂直翻转±90°和小轴垂直翻转±180°。该布局通过特殊设计，可保证系统打磨的稳定性，且能够实现与机器人的协调工作，适合绝大多数体积不太大、长度较长的工件的打磨。

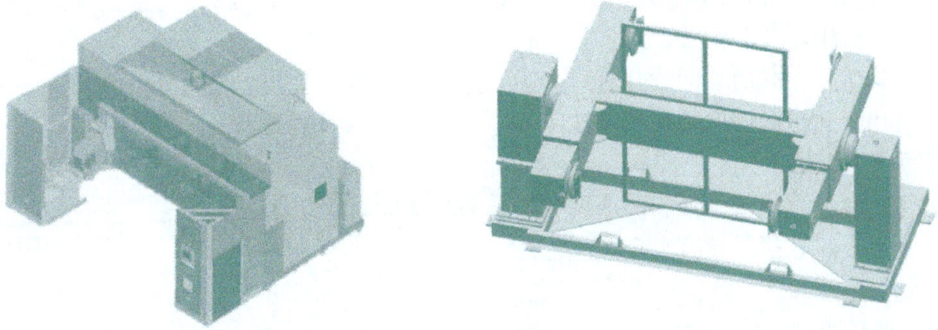

a) 整体布局　　b) 三轴垂直翻转变位机

图 7-28　垂直翻转型布局

做一做

在打磨工位布局中，水平回转型布局的特点是什么？

项目考核

项目七考核表

考核项目		分值	自评	备注
信息收集	信息收集方法	5		
	信息收集情况	5		
	团队合作	10		
项目实施	打磨机器人介绍	20		
	解析打磨工作站实战案例	20		
	打磨工作站分析与设计	20		
	打磨生产线分析与设计	20		
小计		100		
其他考核				
考核人员	分值	评分	存在的问题	解决办法
（指导）教师评价	100			
小组互评	100			
自评成绩	100			
总评	100		总评分成绩 =（指导）教师评价×35%+小组互评×25%+自评成绩×40%	

项目小结

本项目以打磨工作站中典型打磨过程为应用工艺案例，系统分析了打磨工作站的分类、特点、组成和基本功能，介绍了机器人打磨的工艺流程，解析了工位布局和各部件的选型方法，以案例为基础重点介绍了打磨工作站的设计方法和部分程序代码。

练习题

一、填空题

1. 根据末端执行器性质的不同，打磨机器人系统可分为__________和__________。

2. 机器人持工具的打磨机器人系统的基本组成主要包括__________、控制器、__________和打磨作业系统等。

3. 根据工作方式的不同，打磨可分为__________和__________。

4. 适用于狭窄的凹槽类的工件去毛刺，可用于金属或非金属工件，尤其其压铸铝合金件的打磨动力头是__________。

5. __________决定了带轮的速度和砂带的线速度。

6. 一般来说，接触轮直径越__________，加工时的接触面积越大，工件的表面粗糙度值越__________。

二、选择题

1. 机器人持工具一般（　　）

A. 用于大型工件或对于机器人来说比较重的工件。

B. 用于小工件。

C. 可以实现复杂几何形状工件的打磨。

D. 在一个工位可完成机器人的装件、打磨和卸件，投资相对较少。

2.（多选）与传统的打磨抛光机床及手工打磨相比，打磨机器人具有（　　）特性

A. 加工过程几乎完全自动化，工作效率大大提升。

B. 具有高度柔性和适应能力，同套设备经过适当调整可快速实现加工其他规格产品的能力，大大提高了设备的使用率。

C. 由于打磨机器人具有多个自由度，特别适合曲面加工。

D. 在打磨抛光过程中，打磨机器人可实现更快速、更可靠的控制。

3. 如果条件允许，打磨机器人一般应放置于消音房中，采用（　　）降低噪声。

A. 泡沫板　　B. 隔音玻璃　　C. 玻璃幕墙　　D. 吸、隔音墙体

4. 变频器是利用电力半导体器件的（　　）作用，将工频电源变成频率连续可调的电能控制装置。

A. 联系　　B. 通断　　C. 搭接　　D. 开关

5. 在多任务作业环境中，一台机器人要能够完成抓取、搬运、安装、打磨和卸料等多种任务。让机器人能够根据程序要求和任务性质，自动快速更换末端执行器，完成相应的任务的装置是（　　）。

A. 打磨动力头　　B. 变频器

C. 自动快换装置　　D. 打磨作业系统

6. 打磨机器人程序中，示教打磨路径的移动指令为（　　）。

A. MoveAbsJ　　B. MoveJ　　C. MoveL　　D. MoveExtJ

7. 打磨机器人程序中设置下压量参数的数据类型为（　　）。

A. pos　　B. bool　　C. zonedata　　D. num

8. 打磨机器人常用的柔性打磨动力头类型有旋转锉型、锉刀型、刷子型、倒角刀型、

（ ）。

A. 圆形　　B. 圆锥形　　C. 环形　　D. 磨削抛光型

9. （ ）打磨动力头可用于几乎所有材料的表面抛光，在必要的时候，其主轴也可以轴向移动，压力可由程序控制来设定。

A. 刷子型　　B. 磨削抛光型　　C. 旋转锉型　　D. 倒角刀型

10. 接触轮的硬度与砂带磨削的表面粗糙度值呈（ ）关系，接触轮越硬，工件的表面粗糙度值越大，反之则越小。

A. 无规律　　B. 波形　　C. 正比　　D. 反比

三、判断题

1. 机器人持工件方式通常用于小工件的处理，机器人通过其末端执行器抓取待打磨工件，并操作工件在打磨设备上进行打磨。（ ）

2. 打磨机器人控制系统不能按照输入程序对驱动系统和执行机构发出指令信号进行控制。（ ）

3. 打磨工具会产生刺耳的高频噪声，而且打磨粉尘也会对车间造成污染。（ ）

4. 打磨动力头是一种可用于机器人前端与末端的自动化打磨装置。（ ）

5. 刷子型打磨动力头主要用于轻金属与非金属的去毛刺，它能保证在任何角度都有统一的打磨质量和速度。（ ）

6. 在水龙头打磨抛光加工中，根据水龙头毛坯表面与砂带接触时产生的磨削力和砂带宽度计算出加工的实际转矩，从而确定驱动电动机的功率大小。（ ）

7. 砂带基材的柔性对表面粗糙度也有影响：柔性越大的砂带所能达到的表面粗糙度值越小。（ ）

8. 高环境温度、高开关频率和高海拔高度等会引起变频器的降容，需放宽一档选择变频器的功率。（ ）

9. 打磨机器人通过与 PLC 之间的 PROFINET 总线协议来配置 I/O 信号，从而控制打磨头的开启和关闭。（ ）

10. 打磨机器人具备单一安全防护功能及故障诊断功能，安全性能高，更便于维护。（ ）

四、简答题

1. 简述机器人持工件和机器人持工具两种方式的工作特点。

2. 刚性打磨和柔性打磨的区别是什么？

3. 简述打磨机器人程序设计的整体思路。

4. 总结示教打磨机器人程序的注意事项。

5. 简述打磨机器人选型的六个主要因素。

ROBOT

项目八　装配应用实战

项目导读

装配机器人目前在生产领域是比较常见的，针对不同的装配作业所选择的机器人系统也是不同的。装配机器人大多为由 4~6 轴。常见的装配机器人分为直角坐标型装配机器人和关节式装配机器人。

项目学习目标

知识目标	能力目标	素养目标
1. 了解装配机器人的分类及特点 2. 掌握装配机器人的系统组成及功能 3. 掌握装配机器人的工艺流程、特点及操作步骤 4. 掌握装配机器人工作环节的基本设计方法 5. 拓展装配机器人工作环节中的相关工艺知识	1. 通过装配机器人系统的工艺流程、特点及操作步骤的学习，培养学生科学规范的编程能力 2. 通过对装配工作站的分析设计，培养学生分析和解决问题的能力 3. 在应用实战过程中，掌握合理利用与支配各类资源的能力 4. 通过拓展装配机器人系统中的相关工艺知识，培养学生获取信息并利用信息的能力 5. 通过拓展学习，强化自我认知、自主学习的能力	1. 在小组合作学习过程中，培养学生的团队协作意识 2. 通过设计装配工作站，培养学生的创新精神和缜密的科学思维方式 3. 通过装配应用实战，培养学生建立良好的职业习惯和严谨的工作态度 4. 通过本项目的学习，培养学生严谨求实、精益求精的工匠精神

项目实施

本项目主要分四个任务对装配工作站的工艺设计进行介绍，学生要在应用实战中明确学习要点，系统地掌握装配工作站的工艺设计方法。

任务一　装配机器人认知

工作任务

通过对本任务的学习，学生应了解装配机器人的分类、特点、系统组成及功能等相关基础知识，并能独立介绍装配机器人系统。

相关知识

装配机器人作业时需与作业对象直接接触并进行相应动作；码垛、焊接机器人在移动物料时的运动轨迹多为开放性，而装配作业是一种约束运动类操作，即装配机器人的运动轨迹精度要高于搬运、码垛、焊接和涂装机器人。

一、装配机器人的分类及特点

装配机器人在本体上较其他类型机器人有所区别，但在实际运用中无论是直角式装配机器人还是关节式装配机器人都有如下特性：

1）每台装配机器人的末端执行机构可根据工艺需要选择不同的工具，以满足生产线多品种、小批量和多批次的生产要求，只需要简单的重新标定和示教编程即可实现工具的切换。

2）装配机器人的高精度和作业稳定性有利于其在精益工业生产过程中的拓展应用。

3）由于装配过程工件误差、尺寸跨度大，装配关系复杂和轨迹规划难等实际问题，在装配机器人的应用过程中，通常带有视觉辅助功能。通过机器人的手（执行机构）、眼（视觉引导）协调操作，引导机器人各轴准确定位和抓取目标工件，可完成精确复杂装配。

二、装配机器人的系统组成

装配机器人系统主要由机器人、控制器、示教器、装配作业系统和周边设备组成，如图8-1所示。

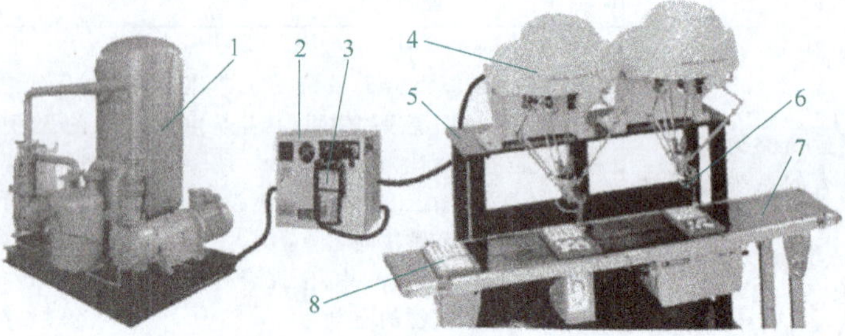

图 8-1　装配机器人的系统组成

1—真空负压站　2—控制器　3—示教器　4—机器人　5—机器人安装平台
6—末端执行器（吸盘）　7—输送装置　8—工件

1. 装配作业系统

装配作业系统主要由搬运型末端执行器和真空负压站组成，机器人自带视觉系统。此部分可参考搬运机器人的搬运作业系统部分，这里不再赘述。

2. 周边设备

周边设备包括安全保护装置、机器人安装平台、输送装置、工件摆放装置和零件供给器等，用于辅助装配机器人完成整个装配作业。其中，常用的零件供给器是给料器和托盘。

（1）给料器　给料器常用于小型装配零件给料，用回转或振动机构将其排列整齐，并逐个输送到指定位置，如图8-2所示。

图 8-2　给料器

（2）托盘　装配完成后，大零件或易损坏、划伤零件通常需要放入托盘中进行输送，如图 8-3 所示。托盘可以按一定精度要求将零件输送至指定位置。在实际生产装配中，为了满足生产需求，往往带有托盘自动更换机构，以避免托盘容量不足。

图 8-3　托盘

做一做

简述直角式装配机器人与关节式装配机器人都有什么主要特性。

任务二　装配工作站实战案例解析

工作任务

本任务将设计一个装配工作站，自主选择正确的工艺流程并设计工艺步骤，再根据工艺步骤进行机器人示教编程。尝试以个人或小组为单位设计装配机器人工作站并记录所选用的设备及具体参数。

相关知识

一、案例背景

我国作为制造业大国，工业机器人装配技术的应用已成为工业发展的必然趋势，相关工艺流程的优化也将是影响制造业发展的重要因素。

装配机器人重复定位精度高，能够保证装配精度，因此广泛应用在工业生产中的各个领域，例如各种电器制造（包括电视机、洗衣机、电冰箱和吸尘器等）、小型电机、汽车及其部件、计算机、玩具、机电产品及其组件的装配等方面。

装配机器人的工作过程涉及工业机器人编程、工业机器人系统操作等知识。了解装配知识，掌握工艺流程，是未来工业机器人领域人才必备的一项重要技能。

二、案例介绍

本案例以玩具小车模型加工为例进行介绍，涉及的工作单元模块有上料组装单元、螺栓装配及下料单元、配套辅件等。在进行工艺流程描述时，设定小车模型由两部分组成：小车底盘模型半成品和小车车身模型加工件。车身和底盘需通过螺栓拧紧装配。图 8-4 所示为装配工作站。

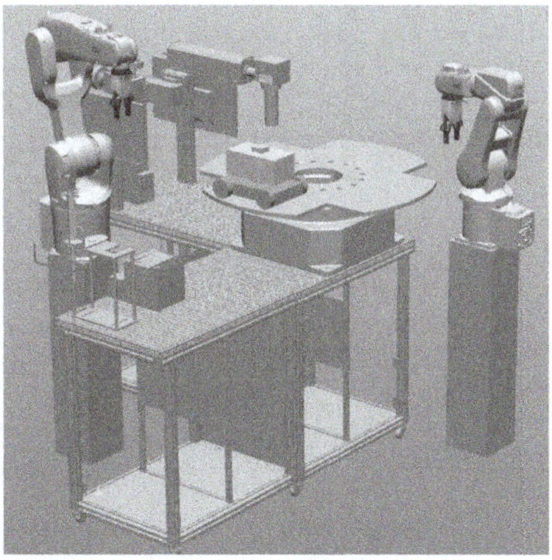
图 8-4　装配工作站

三、案例学习要点

学习本案例要注意以下学习要点：

1）由于装配工艺各单元配合度高，需注意工艺流程先后顺序与工艺逻辑。

2）由于装配内容不同，需注意设备的选型合理性。

3）加强拓展部分的学习，思考装配流程的优化方案。

四、案例工艺流程

从宏观需求角度来看，装配工作站实战案例的工艺流程设计将以串行方式实现，具体的工艺流程如图 8-5 所示。

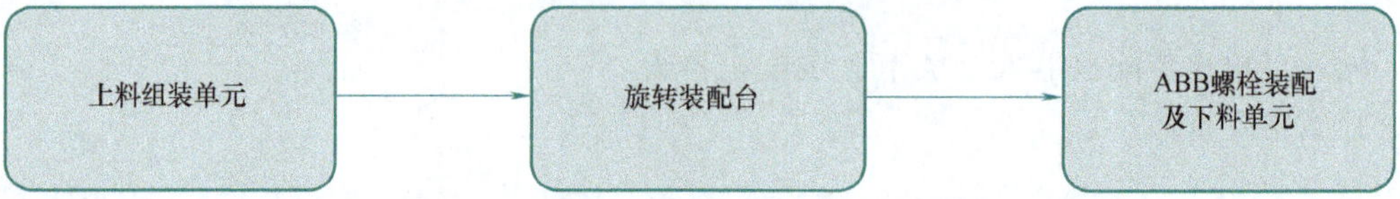

图 8-5　装配工作站实战案例工艺流程图

在上料组装单元中，机器人的主要任务是通过视觉检测对小车车身件和底盘进行检测、分拣，并且上料给装配单元。完成上料后，将底盘与车身初步组装成型，通过装配工装保证底盘与车身的螺栓孔装配精度达到±0.2mm，保证后续螺栓锁紧的要求。

旋转装配台接收到 PLC 程序指令，将完成初步组装的小车运送到下一单元，即螺栓装配及下料单元。

在螺栓装配及下料单元中，机器人的主要任务是进行吸取和拧紧螺钉，并将组装好的成品下料至包装机。根据视觉检测装置反馈的小车各部分位置，将装配机构旋转到预装配工位，送钉机构将整理完的螺栓组件放置在装配单元的初装模型指定孔位，带有锁付机构的六轴机器人移动至孔位上方，完成定位。PLC 控制锁付装置完成螺栓的锁紧。以此类推，完成其余螺栓的锁紧后，完成小车的装配环节。

因此，本案例中装配环节可概括为：小车底盘与车身的检测和分拣→小车装配环节底盘与车身安装孔的识别、定位和初装→螺栓组件组装→机器人引导与螺栓放置→更换锁付机构进行锁紧→完成装配，进入下一环节。

五、案例设备参数

本案例涉及的设备参数见表 8-1。

表 8-1　装配工作站案例设备参数

设备名称	型号	品牌	设备参数
装配机器人	ABB IRB 1200	ABB	臂展:0.9m 负载:5kg
PLC	S7-1214C	西门子	14DI 16DO DC/DC/DC
机器人末端夹持工具	MHZ2-40D	SMC	—
夹持器气缸电磁阀	4V210-08-B	亚德客	供电:DC 24V
旋转装配台伺服电动机	ECMA-C20604RS	台达	功率:400W
旋转装配台伺服电动机驱动器	ASD-B2-0421-B	台达	B2 系列,功率:400W
视觉检测相机	Mech-Eye Log S	梅卡曼德	3D
转盘式螺栓供料器	LG-C6900	澜光	供料速度:50~70 件/min
螺栓拾取拧紧模组	TMH-SPV-00-P1	丹尼克尔	—
机器人快换盘	LTC-005A	领航	5kg

六、案例工艺步骤

根据本案例工艺流程制订的具体工艺步骤如下。

1. 装配机器人配置

PLC 与装配机器人通过 PROFINET 总线方式进行通信，机器人在控制模块中选配 888-2 Profinet Controller/Device 功能，配置机器人的 IP 地址及网关，配置机器人 PROFINET 的名称，输入输出字节，完成机器人的配置内容。装配机器人配置过程如图 8-6 所示。

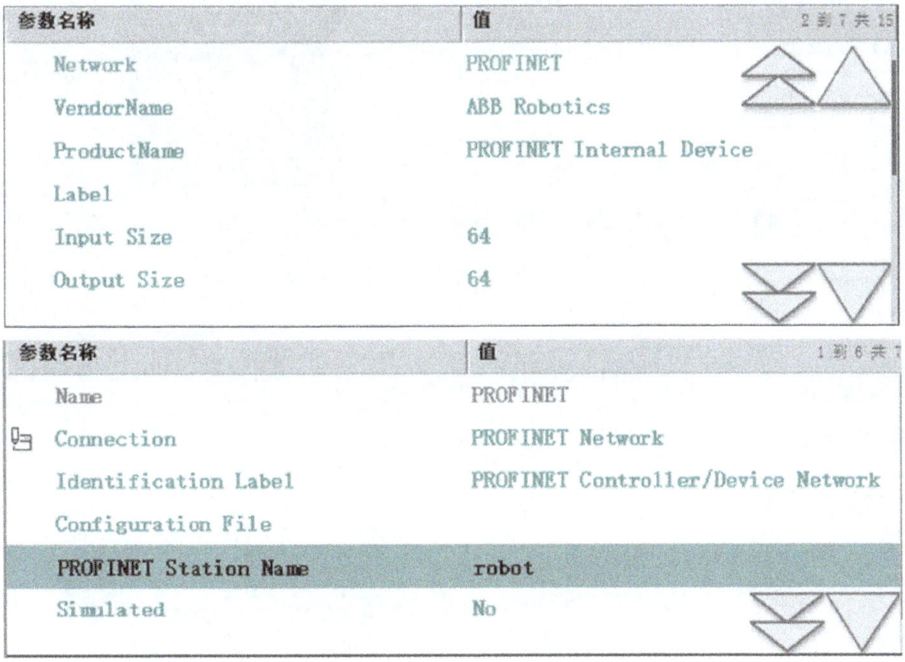

图 8-6 装配机器人配置

2. PLC 与机器人通信配置

用 PLC 获取机器人对应型号版本的 GSD 配置文件，在博途软件中进行安装，设置 IP 地址、名称与机器人设置的 IP 和名称保持一致。完成后给机器人配置 I/O 模块并设置地址。将配置好的文件下载到 PLC 中，即可实现 PLC 与机器人进行多字节数据的通信功能，PLC 与机器人通信配置过程如图 8-7~图 8-12 所示。

3. 机器人程序启动

PLC 向机器人发送工作信号，机器人执行程序，抓取小车底盘。

4. 执行器取料

机器人末端夹持器靠近小车底盘部件，到位后 PLC 控制夹持器电磁阀通电，夹持器收紧，抓取小车底盘，然后移动到旋转装配台，如图 8-13 所示。

5. 执行器上料到位

机器人末端夹持器到达旋转装配台工位后，PLC 控制电磁阀断电，夹持器松开，小车底盘被放置在旋转装配台的固定夹具上。

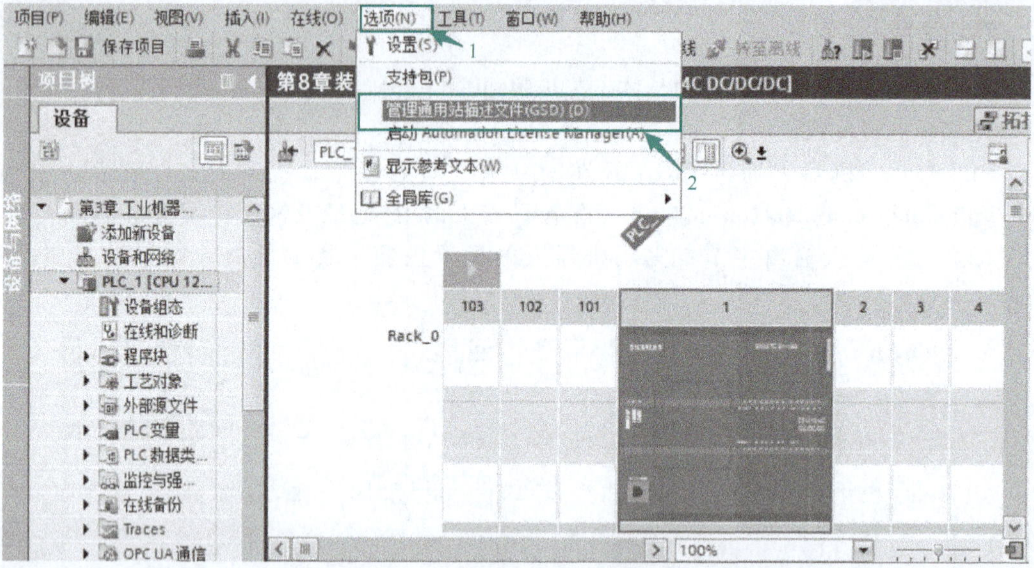

图 8-7　打开配置 GSD 选项功能

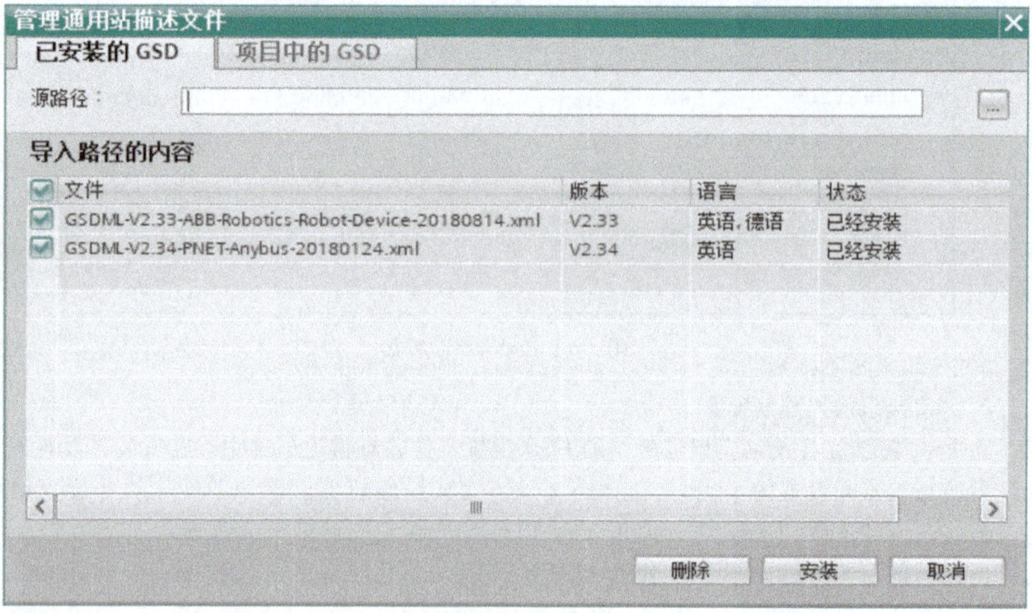

图 8-8　选择需要添加的 GSD 文件

6. 初步组装

按照与上述相同的工艺流程，机器人将小车车身部件转送至装旋转配台上的小车底盘上方，并精准压合至小车底盘上，完成初步组装，如图 8-14 所示。

7. PLC 与周边设备通信配置

依托 PLC 的高速脉冲输出功能，在博途软件中对旋转装配台运动轴进行工艺对象组态与控制程序编程，并利用 PLC 的 PTO 实现精准的运动控制，如图 8-15～图 8-18 所示。

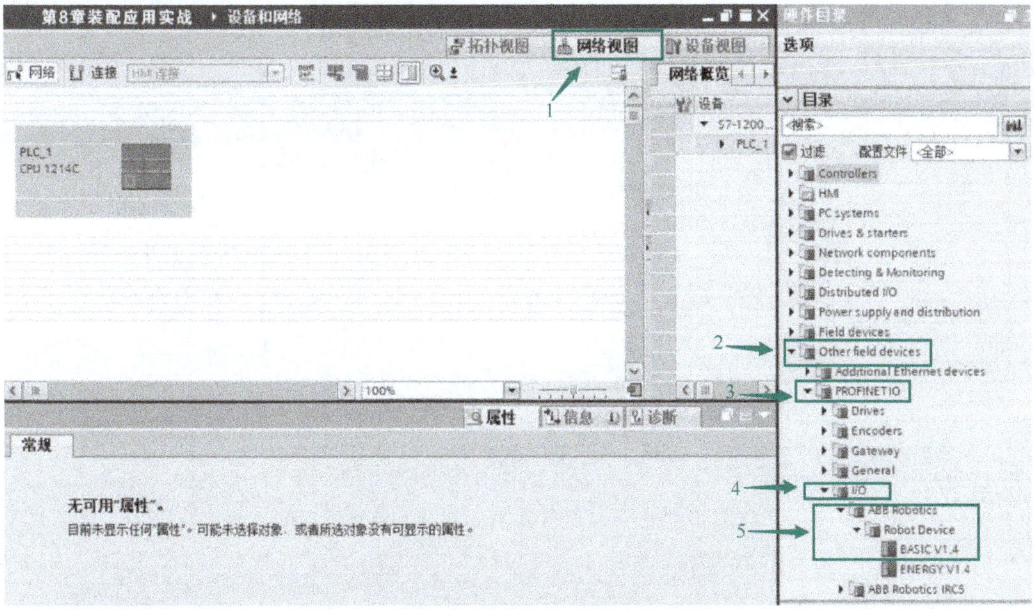

图 8-9 在网络视图中添加机器人设备

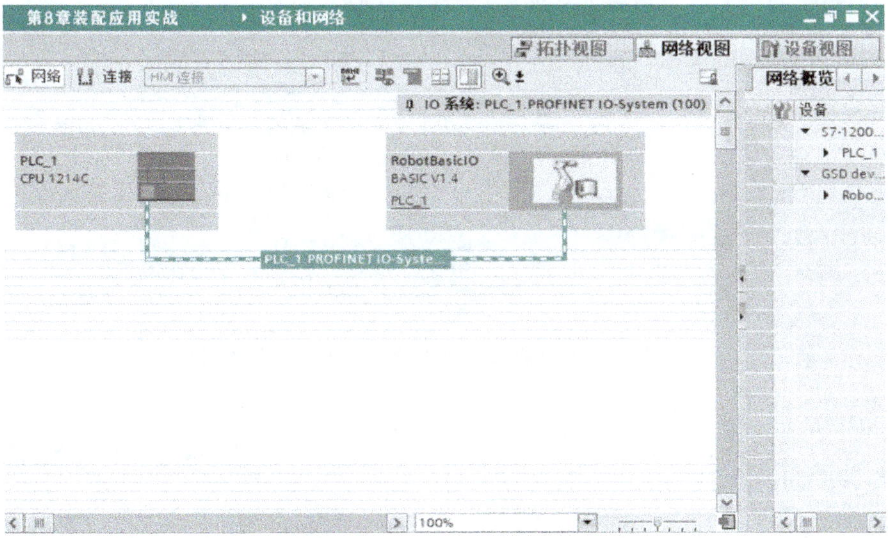

图 8-10 建立机器人与 PLC 之间连接

8. 旋转装配台工作

旋转装配台伺服电动机接收到 PLC 发送的高速脉冲信号后，旋转一定角度，把小车送到螺栓装配位置，如图 8-19 所示。

9. 视觉系统启动定位检测

程序自动启动视觉系统，视觉相机通过机器视觉装置将被检测的小车轮廓转换成图像信号，并传送给专用的图像处理系统。图像处理系统将像素分布、亮度和颜色等信息转变成数字化信号，并对这些数字化信号进行运算，以定位小车螺孔所在的位置坐标。

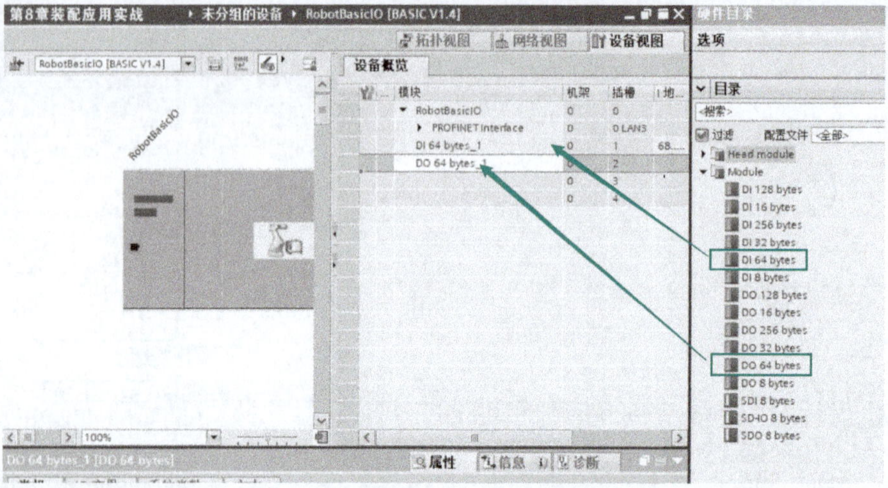

图 8-11　分配与 PLC 信息交互数据区

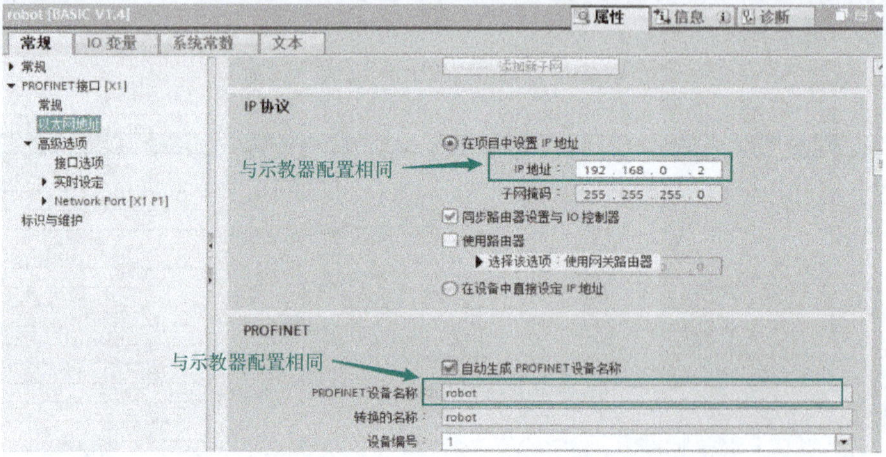

图 8-12　分配机器人 IP 地址和 PROFINET 设备名称

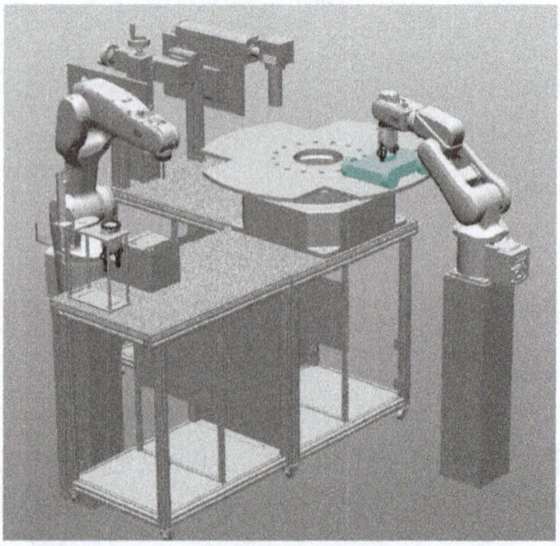

图 8-13　执行器取料

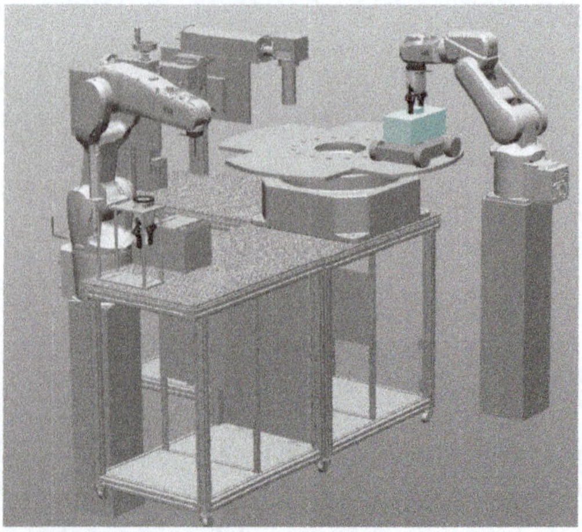

图 8-14　初步组装

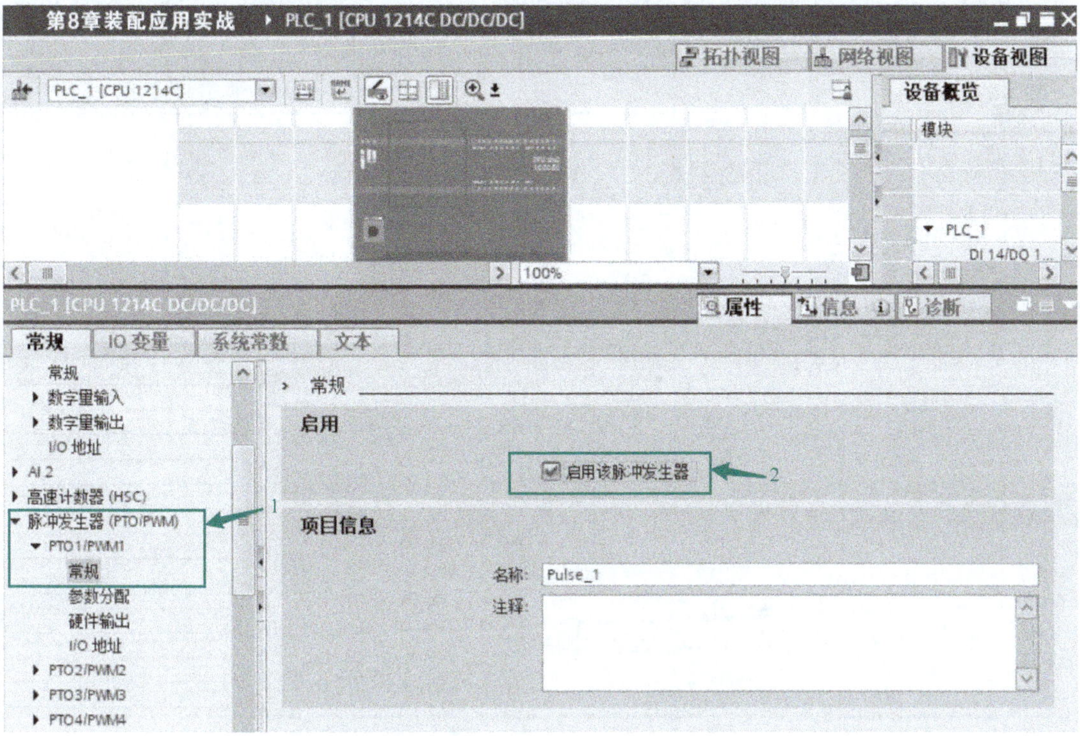

图 8-15 启用 PLC 高速脉冲发生器功能

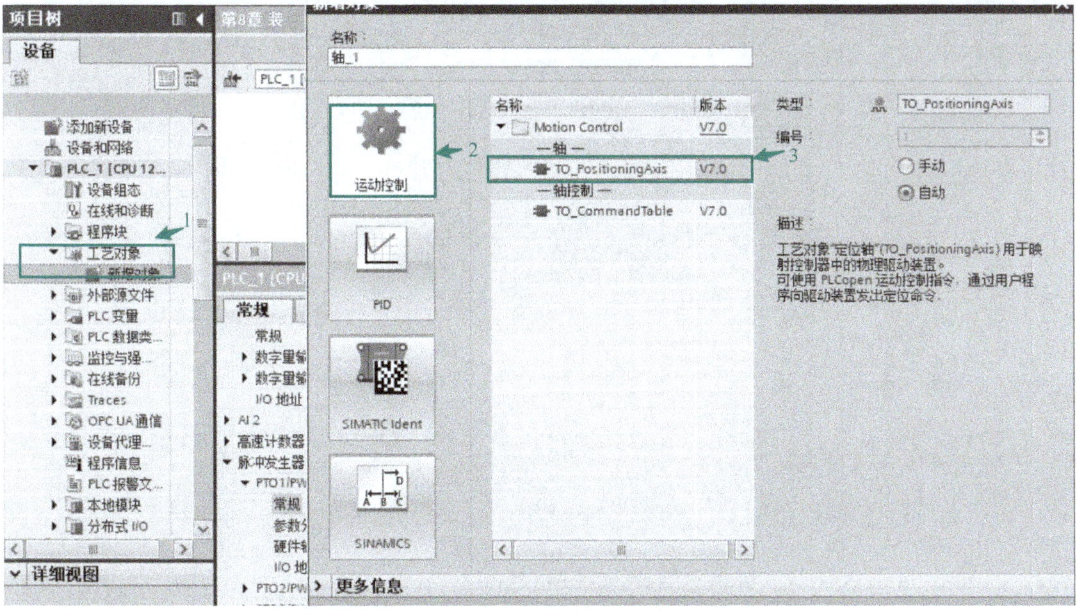

图 8-16 在工艺对象中组态轴对象

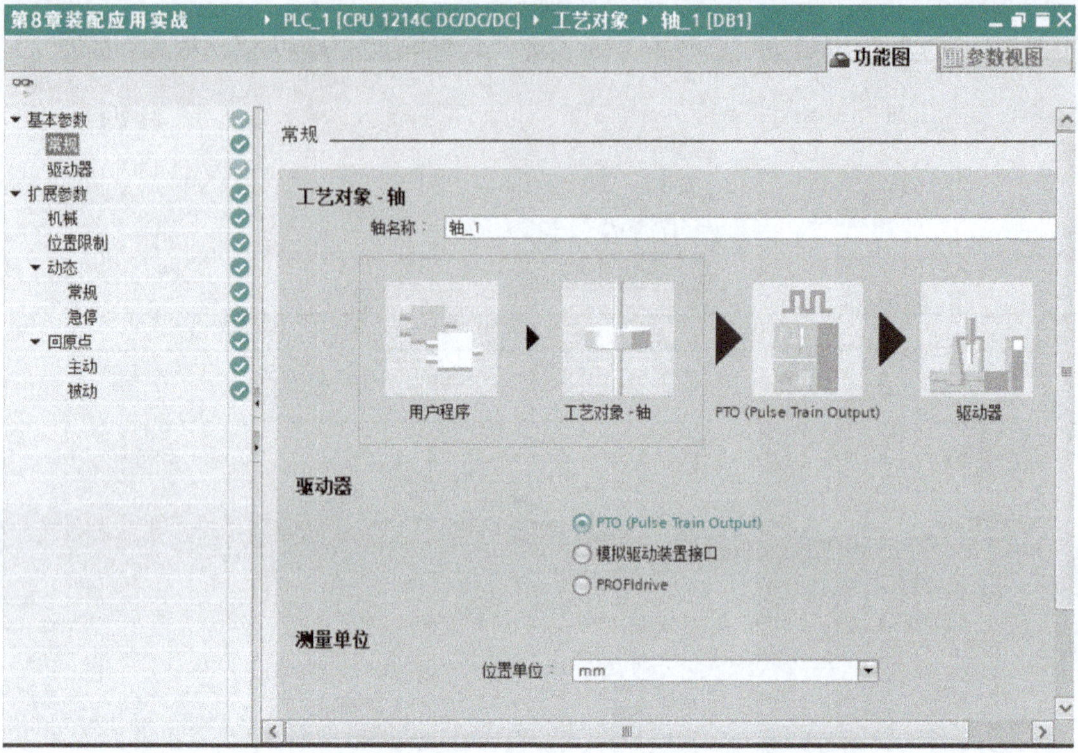

图 8-17　选择驱动器为 PTO 类型

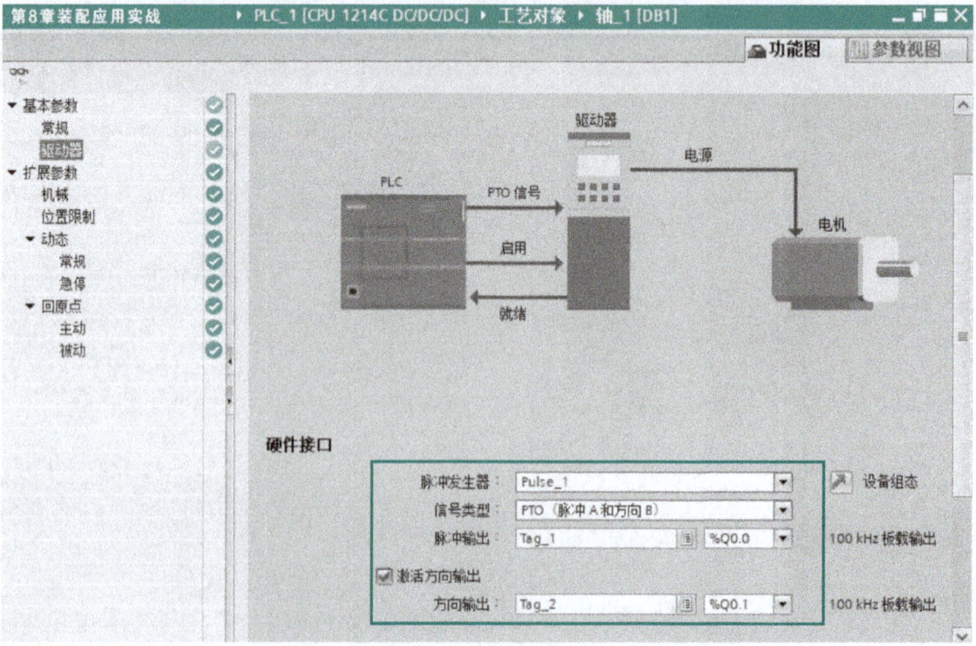

图 8-18　配置硬件输出接口

10. 装配夹具吸螺栓

供料器发送有料信号，机器人移动至螺栓供料器取料位置；PLC 发送信号，开启末端执行器上的真空发生器，真空发生器利用真空原理吸取螺栓；当内置压力开关达到一定压力值时，PLC 接收信号，判定吸螺栓完成，如图 8-20 所示。

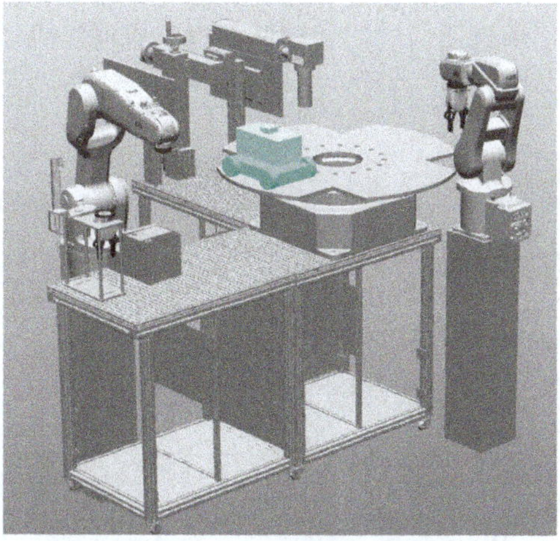

图 8-19 旋转装配台工作

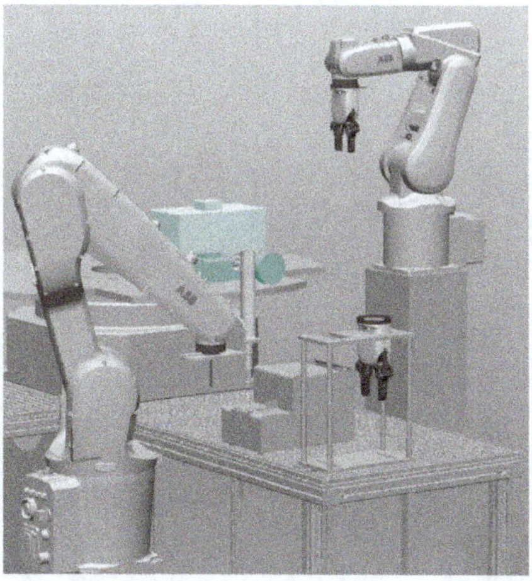

图 8-20 装配夹具吸螺栓

11. 装配准备

PLC 向机器人发送螺栓装配程序指令，机器人执行螺栓装配程序，靠近装配台，根据视觉系统传输给机器人螺孔位置的坐标数据，带有锁付机构的机器人移动至坐标位置，如图 8-21 所示。

12. 装配执行

PLC 通过末端锁付机构坐标判定到位，控制锁付机构拧紧气缸伸出，启动电动拧紧工具，拧紧螺栓，拧紧工具通过转矩传感器向 PLC 传输转矩信号，当转矩达到一定数值时，PLC 发送停止拧紧信号，如图 8-22 所示。

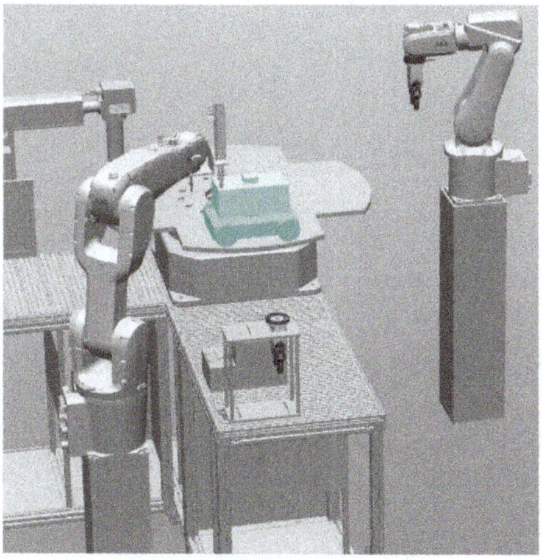

图 8-21 装配准备

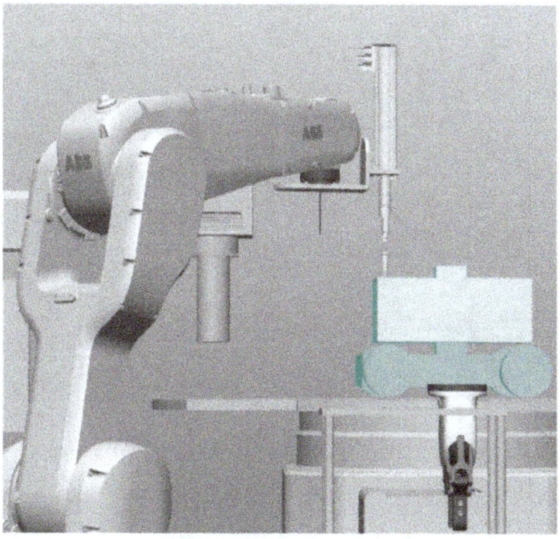

图 8-22 装配执行

13. 装配完成

按相同的工艺流程，机器人重新取螺栓，重复上述工艺步骤，直至螺栓全部拧紧，如图 8-23 所示。

14. 启动更换执行器程序

完成螺栓装配任务后，机器人执行更换末端工具程序，如图 8-24 所示，将专用锁付机构放置在快换盘内，将到位信号传送至 PLC。PLC 接收到信号后，控制主盘电磁阀断电，将工具盘松开，完成末端锁付机构脱离。

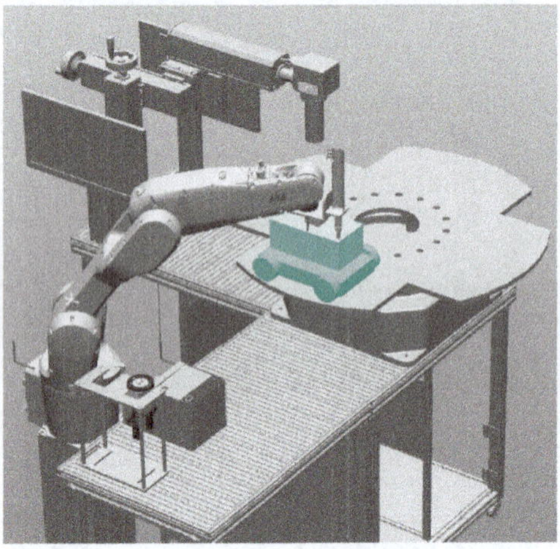

图 8-23 装配完成

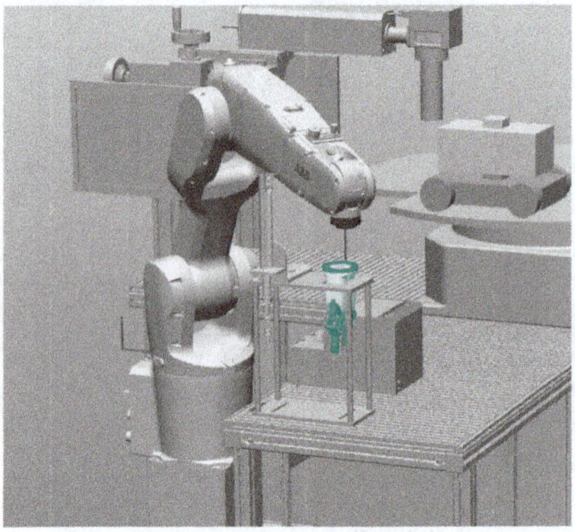

图 8-24 更换执行器

15. 快换末端执行器

机器人移动至夹持器工具盘，将到位信号传送至 PLC。PLC 接收到信号后，控制主盘电磁阀通电，将工具盘锁紧，完成末端执行器更换，如图 8-25 所示。

16. 完成装配

机器人利用夹持器将装配完成的小车转送至包装单元，完成下料，如图 8-26 所示。

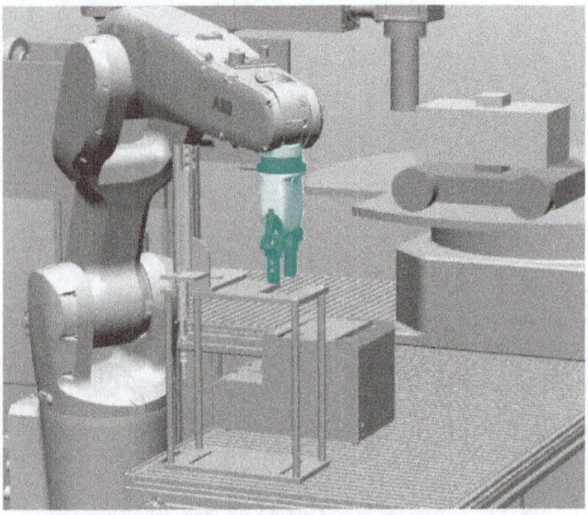

图 8-25 快换末端执行器

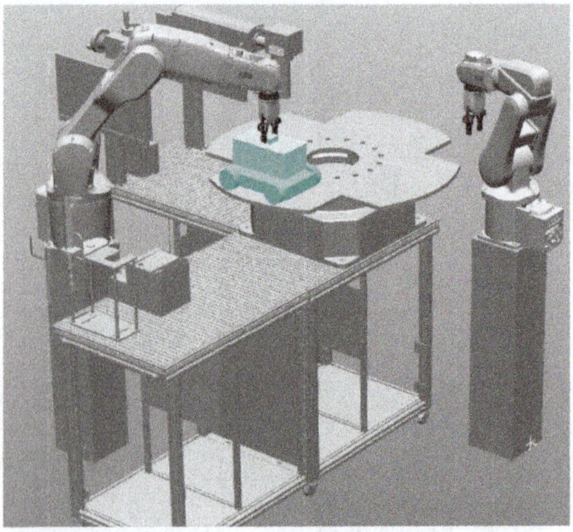

图 8-26 完成装配

七、案例工艺示教

根据上述工艺步骤，进行机器人示教编程。

1. 任务描述

机器人通过末端夹持器（图 8-27）和螺栓锁付机构（图 8-28）对工件进行识别、定位、抓取、初装和螺栓锁紧，依据装配工艺完成对小车的装配工作。其中机器人需要完成车身在车底座上的安装，并通过锁付机构将螺栓拧紧，完成装配。

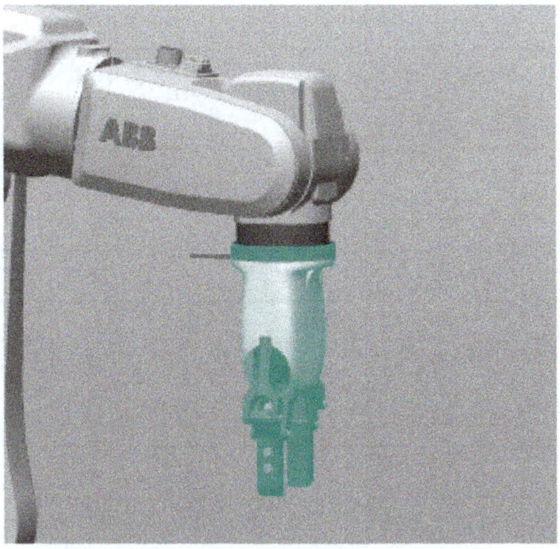

图 8-27　末端夹持器

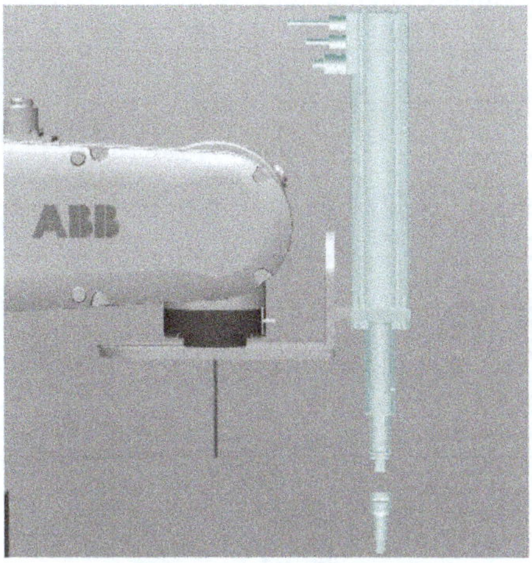

图 8-28　螺栓锁付机构

2. 任务实施

（1）设计机器人程序流程

1）组装及上料机器人程序流程（图 8-29）

2）螺栓装配及下料机器人程序流程（图 8-30）

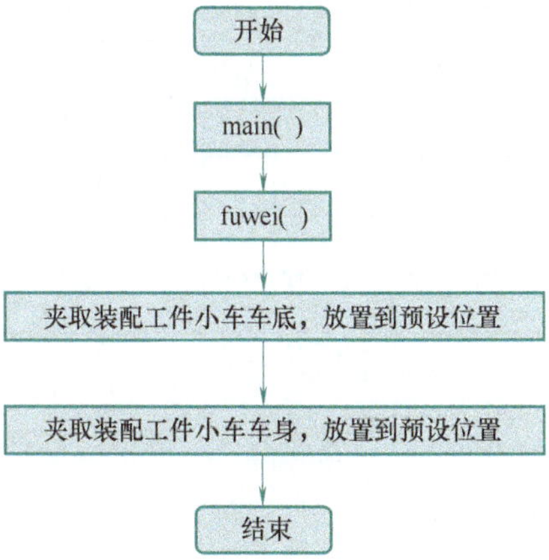

图 8-29　组装及上料机器人程序流程图

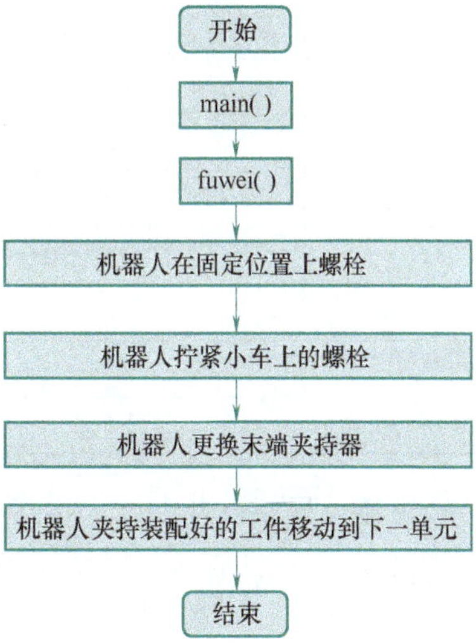

图 8-30　螺栓装配及下料机器人程序流程图

（2）列出机器人运动示教点

1）组装及上料机器人运动示教点见表 8-2。

表 8-2 组装及上料机器人运动示教点

序号	示教点、信号和坐标系	说明	备注
1	shang_home	机器人原点	需示教
2	shang_p1	车底夹取过渡点	需示教
3	shang_p2	车底夹取放置点	需示教
4	shang_p3	车身夹取过渡点	需示教
5	shang_p4	车身夹取放置点	需示教
6	tool1	夹持器工具坐标系	需建立
7	tool0	默认工具坐标系	无需建立
8	wobj0	默认工件坐标系	无需建立
9	do1	夹持器信号	1 为打开

2）螺栓装配及下料机器人运动示教点见表 8-3。

表 8-3 螺栓装配及下料机器人运动示教点

序号	示教点、信号和坐标系	说明	备注
1	xia_home	机器人原点	需示教
2	xia_p1	螺栓锁付机构上螺栓过渡点	需示教
3	xia_p2	螺栓锁付机构上螺栓位置	需示教
4	xia_p3	小车拧紧螺栓过渡点	需示教
5	xia_p4	小车拧紧螺栓位置	需示教
6	xia_p5	更换末端夹持器过渡点	需示教
7	xia_p6	更换末端夹持器位置	需示教
8	xia_p7	小车下料过渡点	需示教
9	xia_p8	小车下料抓取点	需示教
10	tool1	螺栓机工具坐标系	需建立
11	tool2	夹持器工具坐标系	需建立
12	tool0	默认工具坐标系	无需建立
13	wobj0	默认工件坐标系	无需建立
14	do1	螺栓机信号	1 为打开
15	do2	夹持器信号	1 为打开

（3）机器人程序设计

1）组装及上料机器人程序设计包括：主程序“main（）”、复位程序“fuwei（）”车底夹取程序“chedi（）”、车身夹取程序“cheshen（）”。

① 编写主程序。

```
PROC main()
```

```
    fuwei;      ! 调用复位子程序
    chedi;      ! 调用夹取车底子程序
    cheshen;    ! 调用夹取车身子程序
    fuwei;      ! 调用复位子程序
ENDPROC
```

② 编写复位程序。在“fuwei ( )”程序中，要使机器人回到原点，将所有信号复位，参考程序如下：

```
PROC fuwei( )
    Reset do1;    ! 夹持器关闭
    MoveJ shang_home,v100,fine,tool0\wobj:=wobj8;    ! 机器人移动到工作原点
ENDPROC
```

③ 编写车底夹取程序。在“chedi ( )”程序中，先将车底提起到一个合适的高度，然后放置在预设位置上。参考程序如下：

```
PROC chedi( )
    MoveL shang_p1,v50,fine,tool1\wobj:=wobj0;    ! 沿直线运动到车底夹取过渡点
    MoveL shang_p2,v50,fine,tool1\wobj:=wobj0;    ! 沿直线运动到车底放置点
    Reset do1;                                    ! 夹持器关闭
    MoveL shang_p1,v50,fine,tool1\wobj:=wobj0;    ! 沿直线运动到车底夹取过渡点
ENDPROC
```

④ 编写车身夹取程序。在“cheshen ( )”程序中，先将车身提起到一个合适的高度，然后放置在车底上。参考程序如下：

```
PROC cheshen( )
    MoveL shang_p3,v50,fine,tool1\wobj:=wobj0;    ! 沿直线运动到车身夹取过渡点
    MoveL shang_p4,v50,fine,tool1\wobj:=wobj0;    ! 沿直线运动到车身夹取过渡点
    Reset do1;                                    ! 夹持器关闭
    MoveL shang_p3,v50,fine,tool1\wobj:=wobj0;    ! 沿直线运动到车身夹取过渡点
ENDPROC
```

2）螺栓装配及下料机器人程序设计包括：主程序“main ( )”、复位程序“fuwei ( )”、锁付机构上螺栓“shangluoshuan ( )”、锁付机构拧紧螺栓“luoshuan ( )”、更换夹持器“jiachiqi ( )”、下料“xialiao ( )”。

① 编写主程序。参考程序如下：

```
PROC main( )
    fuwei;           ! 调用复位子程序
    shangluoshuan;   ! 调用螺栓机上螺栓子程序
    luoshuan;        ! 调用螺栓机拧紧螺栓子程序
    jiachiqi;        ! 调用更换夹持器子程序
    xialiao;         ! 调用下料子程序
    fuwei;           ! 调用复位子程序
ENDPROC
```

② 编写复位程序。在“fuwei（）”程序中，要使机器人回到原点，将所有信号复位。参考程序如下：

```
PROC fuwei()
    Reset do1;  ! 螺栓机关闭
    Reset do2;  ! 夹持器关闭
    MoveJ xia_home,v100,fine,tool0\wobj:=wobj0;  ! 机器人移动到工作原点
ENDPROC
```

③ 编写锁付机构上螺栓程序。在“shangluoshuan（）”程序中，先将机器人末端锁付机构移动到螺栓供料器上方，然后移动到供料位置。参考程序如下：

```
PROC shangluoshuan()
    MoveL xia_p1,v50,fine,tool1\wobj:=wobj0;  ! 沿直线运动到螺栓供料器上方
    MoveL xia_p2,v50,fine,tool1\wobj:=wobj0;  ! 沿直线运动到螺栓供料位置
ENDPROC
```

④ 编写锁付机构拧紧螺栓程序。在“luoshuan（）”程序中，先将机器人末端锁付机构移动到螺栓拧紧位置上方，然后移动到螺栓拧紧位置。参考程序如下：

```
PROC luoshuan()
    MoveL xia_p3,v50,fine,tool1\wobj:=wobj0;  ! 沿直线运动到拧紧位置上方
    MoveL xia_p4,v50,fine,tool1\wobj:=wobj0;  ! 沿直线运动到螺栓拧紧位置
    Set do1;                                  ! 螺栓机打开
ENDPROC
```

⑤ 编写更换夹持器程序。在“jiachiqi（）”程序中，先将机器人末端锁付机构移动到快换工位，然后移动到夹持器位置。参考程序如下：

```
PROC jiachiqi()
    MoveL xia_p5,v50,fine,tool0\wobj:=wobj0;  ! 沿直线运动到快换工位
    MoveL xia_p6,v50,fine,tool0\wobj:=wobj0;  ! 沿直线运动到夹持器位置
ENDPROC
```

⑥ 编写下料程序。在“xialiao（）”程序中，机器人末端夹持器先移动到下料过渡位置，然后移动到下料抓取位置。参考程序如下：

```
PROC xialiao()
    MoveL xia_p7,v50,fine,tool2\wobj:=wobj0;  ! 沿直线运动到下料过渡位置
    MoveL xia_p8,v50,fine,tool2\wobj:=wobj0;  ! 沿直线运动到下料抓取位置
    Set do2;                                  ! 夹持器打开
    MoveL xia_p7,v50,fine,tool2\wobj:=wobj0;  ! 沿直线再一次运动到下料过渡位置，
                                              等待移动到下一单元
ENDPROC
```

（4）程序调试　编写完主程序和子程序，并确保所有指令的速度值不超过100mm/s后，进行程序调试。单击“调试”→“PP 移至例行程序…”→“fuwei”→“确定”，程序指针指在“fuwei”程序的第一条语句，如图8-31所示。

做一做

总结示教装配机器人程序的注意事项。

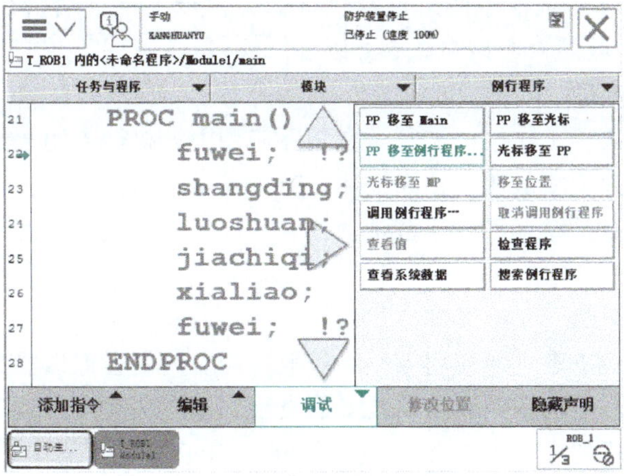

图 8-31 程序调试

任务三 装配工作站分析与设计

工作任务

通过对本任务的学习，学生应能够正确选择合适的装配机器人型号，同时能对装配机器人视觉系统的选型和关键组件进行选择，最终完成装配工作站的设计。

相关知识

一、装配机器人选型

本案例选择的机器人型号为 ABB IRB 1200，该机器人机身小巧、有效工作范围大，有利于加快生产节拍、减少设备占用空间。它的第二轴无外凸的创新设计使其具有比其他小型机器人更长的行程，大幅缩短了机器人与工件之间的距离，且不影响其优异的性能。作为一个机器人系列，ABB IRB 1200 两种型号的机器人都可选配 SafeMove、铸造专家Ⅱ代和洁净室防护等级。对于电子加工、抛光类的小型工作站，当机器人采用吊顶安装方式时，其行程优势尤为突出。

装配工作站所用的机器人需要具备快速、灵活和精度高等特点。下面以无线鼠标的自动装配工作站为例，简要介绍选择装配机器人的依据和方法。

1. 确定机器人的工作范围

根据常见的无线鼠标的大小，可以推算出自动装配工作站所需的料盘尺寸大致为 400mm×300mm，电池和 USB 接收器的料盘略小。考虑到要给机器人安装留有一定的空间，所以机器人需要选择工作范围在 500mm 以上的型号。

机器人工作范围变大，整个工作站所占用的空间也随之增大，并且机器人的加工精度会下降，所以装配机器人的工作范围不能太大。8 只无线鼠标在同一工件摆放装置上即可减小工作范围，因此机器人的工作范围选在 800mm 以内。

2. 确定机器人的载重能力

常见的无线鼠标质量为 300~400g，因此机器人应能够拾取质量最大为 500g 的物品。机器人需要安装用于拾取鼠标各零件的末端执行器，初步确定末端执行器的最大设计质量为2kg，所以机器人的承载能力应该在2.5kg以上。

3. 确定机器人的数量

机器人的数量取决于工作站的需求。在实际应用中，机器人的数量需要结合成本与装配速度一同考虑。装配速度一般用节拍来描述，节拍是指机器人完成一套零件装配所花费的时间。显然，当机器人数量增多后，其节拍会相应变快，购买机器人的成本也会增加，需要进行权衡。

4. 确定机器人的速度

机器人的速度往往决定它的应用效率，一般机器人厂商会把机器人各轴的最大速度标出来。随着伺服电动机、运动控制及通信技术的发展，机器人的允许运行速度也在不断提高。一般情况下，负载在机器人的要求范围内，机器人在工作空间范围内均能达到最大运动速度。用户可以根据速度数据评估机器人是否满足应用场合对节拍的要求。

二、机器视觉系统选型

在机器视觉系统选型时，需要先对工业相机进行选型，然后选择镜头，最后选择光源。本案例选择的工业相机为Mech-Eye Log S。这款3D相机可以完成物体定位、尺寸测量和质量检测等任务。在实际部署过程中常会遇到环境光干扰的情况，影响3D相机的精度和稳定性，所需的遮光设施成本高昂。该款工业相机基于高速激光结构光技术，其机器视觉系统具有优异的抗环境光性能，可在>10000 lx的阳光干扰下对众多物体进行高质量成像（抗环境光干扰能力与物体材质有关），常用于批量工件上料、高精度装配与定位以及涂胶等场景。

工业相机是机器视觉系统中的一个关键组件，选择合适的工业相机也是机器视觉系统设计中的重要环节，工业相机的选择不仅直接决定了所采集到的图像分辨率、图像质量等，还与整个系统的运行模式直接相关。工业相机的选择需考虑如下因素。

1. 选择工业相机的信号类型

根据信号类型的不同，工业相机可分为两种类型：模拟相机和数字相机。

（1）模拟相机　模拟相机必须有图像采集卡，标准的模拟相机分辨率很低，一般为768×576像素，且帧率也是固定的（25帧/s）。模拟相机采集到的是模拟信号，经数字采集卡转换为数字信号进行传输、存储。模拟信号可能会由于工厂内其他设备（如电动机或高压电缆）的电磁噪声干扰而造成失真，随着噪声水平的提高，模拟相机的动态范围（原始信号与噪声之比）会降低。动态范围决定了有多少信息能够从模拟相机传输给计算机。

（2）数字相机　数字相机采集到的是数字信号，数字信号不受电磁噪声影响，因此数字相机的动态范围更高，能够向计算机传输更精确的信号。

2. 确定工业相机的分辨率

根据系统的需求来选择相机的分辨率，下面以一个应用案例来分析。

应用案例：假设检测一个物体的表面划痕，要求拍摄的物体大小为10mm×8mm，要求的检测精度是0.01mm。首先假设要拍摄的视野范围为12mm×10mm，那么应该选择的工业相机的最低分辨率为 $(12/0.01)\times(10/0.01)=1200\times1000$，约为120万像素，即如果一像素对应一个检测缺陷，最低分辨率必须不小于 120 万像素，而常见的工业相机是 130 万像素，因此一般选用 130 万像素的工业相机。

3. 选择工业相机的芯片

工业相机根据芯片的不同分为两种类型：CCD 和 CMOS。

如果要求拍摄的物体是运动的，要处理的对象也是实时运动的，则选择 CCD 芯片的相机更为合适。但厂商生产的 CMOS 相机如果采用帧曝光的方式，也可以当作 CCD 相机来使用。如果被拍摄的物体运动的速度很慢，在设定的相机曝光时间范围内，物体运动的距离很小，换算成像素大小为 1~2 像素，那么选择 CMOS 相机也是合适的，因为在曝光时间内，1~2 像素的偏差人眼根本看不出来（如果不是用于测量的话），但超过 2 像素的偏差，物体拍出来的图像就有拖影，这时就不能选择 CMOS 相机了。

4. 选择工业相机的颜色

如果要处理的信息与图像颜色有关，应采用彩色工业相机，否则建议选用黑白工业相机，因为同样分辨率的相机，黑白工业相机的精度比彩色工业相机要高，尤其是在看图像边缘时，黑白工业相机的效果更好。而且，在进行图像处理时，黑白工业相机得到的是灰度信息，可直接处理。

5. 选择工业相机的帧率

根据要检测的速度选择工业相机的帧率时，帧率一定要大于等于检测速度。若出现帧率等于检测速度的情况，则要求图像的处理在工业相机曝光和传输的时间内完成。一般情况下，分辨率越高，帧率越低。

6. 选择工业相机的传感器

对于静止检测或一般低速的检测，优先考虑使用面阵工业相机。面阵传感器芯片如图 8-32 所示。

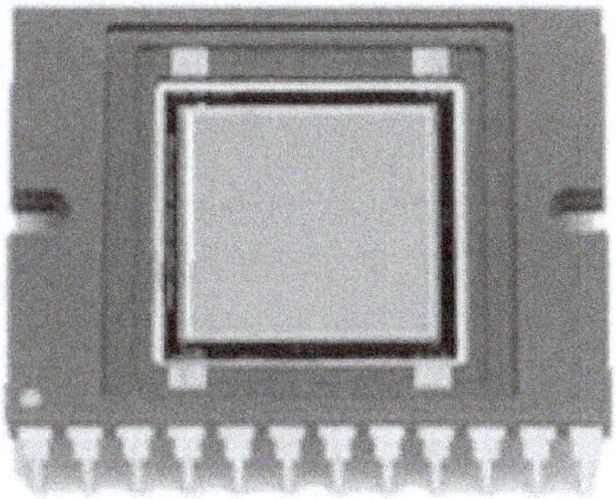

图 8-32　面阵传感器芯片

一般只在两种情况下使用线阵工业相机：一是被测视野为细长的带状，多用于在滚筒上进行检测，可实现对运动物体的连续监测；二是需要极大的视野或极高的精度。线阵型工业相机价格昂贵，只用于在极特殊情况下的工业、医疗、科研与安全领域的图像处理。线阵传感器芯片及相机，如图 8-33 所示。

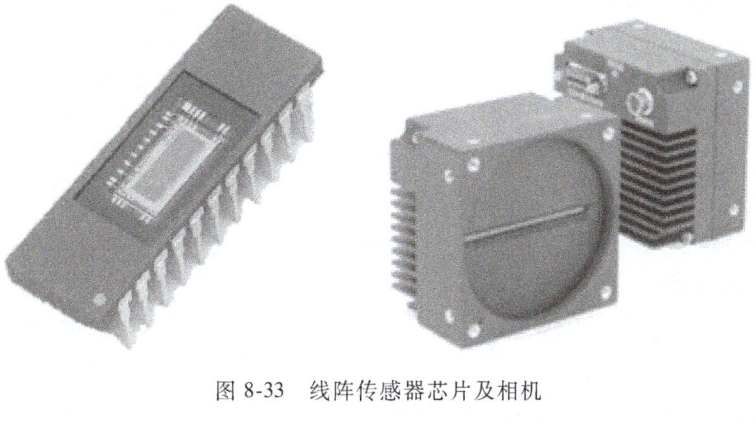

图 8-33　线阵传感器芯片及相机

7. 选择工业相机的传输接口

根据传输的距离、传输的数据大小（带宽）选择 USB、IEEE1394、Cameralink、GigE 等类型接口的工业相机，如图 8-34 所示。

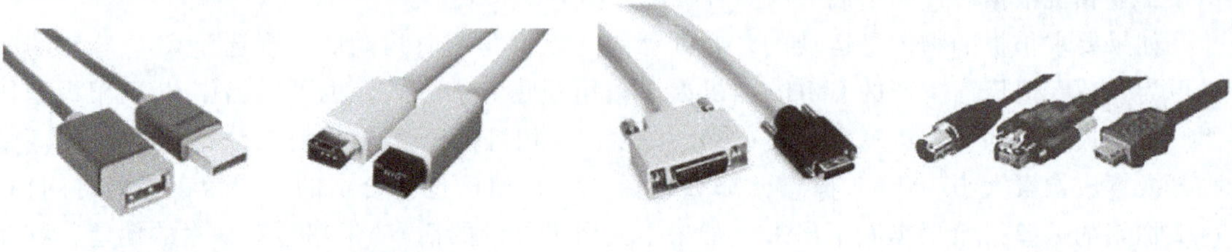

a) USB　　b) IEEE1394　　c) Cameralink　　d) GigE

图 8-34　工业相机的传输接口

（1）USB 接口　USB（Universal Serial Bus，通用串行总线）接口常用于商业、娱乐领域，如 USB 摄像头。USB 工业相机型号比较少，在工业中的使用程度不高。因为 USB 摄像头价格低廉，所以通常把 USB 摄像头作为机器视觉学习的入门硬件平台。

（2）IEEE1394 接口　IEEE1394 接口为苹果公司开发的串行接口标准，又称 Firewire 接口，在工业领域中应用非常广泛，常用的是 400Mbit/s 的 1394A 接口和 800 Mbit/s 的 1394B 接口。此外，IEEE1394 接口占用 CPU 资源少，可多台同时使用；但该接口的普及率不高，需要额外的采集卡。

（3）Cameralink 接口　Cameralink 接口的传输速度是目前工业相机中最快的一种，一般用于高分辨率高速面阵相机或者线阵相机，适合近距离传输。但 Cameralink 接口需要额外购买图像采集卡，成本较高。

（4）GigE 接口　GigE（即千兆以太网）是建立在以太网标准基础之上的技术，并利用了原以太网标准所规定的全部技术规范。作为以太网的一个组成部分，GigE 也支持流量管理技术，以保证在以太网上的服务质量。GigE 接口的工业相机协议稳定，是近几年市场应用的重点，使用方便，连接到吉比特网卡上即能正常工作。

目前光纤信道技术的数据运行速率为 1.0653Gbit/s，可使数据传输速率达到 1000Mbit/s，传输距离为 100m，可多台同时使用，CPU 占用率小。

8. 选择工业相机的靶面尺寸

靶面尺寸的大小会影响镜头焦距的长短，在相同的视角下，靶面尺寸越大，焦距越长。在选择工业相机时，特别是对拍摄角度有比较严格的要求时，靶面的尺寸及与镜头的配合情况都将直接影响视场角的大小和图像的清晰度。因此，要结合镜头的焦距、视场角来选择靶面尺寸。一般而言，选择靶面时要结合物理安装空间来决定镜头的工作距离是否在安装空间范围内，要求镜头的尺寸一定要大于等于工业相机的靶面尺寸。

9. 工业相机的价格和品牌

在参数相同的情况下，不同品牌的工业相机价格各不相同，可对比不同品牌、参数相同的工业相机，选用效果、价格综合最优的工业相机。

三、螺栓拾取拧紧模组

本案例选择的螺栓拾取拧紧模组为 TMH-SPV-00-P1。该拧紧模组集成了吸送螺栓机构，具有结构设计紧凑、故障率低、运行稳定等特点。螺栓拾取拧紧模组是组成自动化装配拧紧系统的关键组件，它的稳定性直接影响整个产线的节拍与合格率。

螺栓拾取拧紧模组选型需考虑如下因素：

1）需要有较好可视性，适用于在狭小空间范围内拧紧。

2）具有先进、智能的控制器，具有分析转矩曲线的功能，可智能分析拧紧数据，减少了繁琐的手动设置过程，这样操作和维护就变得更加方便、简单。

3）螺栓送至枪头后，夹持块能很好地扶持螺栓，保证螺栓在真空吸取时处于较好的姿态。

4）结构紧凑，具有通用连接端口，易集成到工作站流水线装配等系统中。

做一做

总结工业相机选型时需要考虑哪些技术因素？

任务四　装配生产线分析与设计

工作任务

通过本任务的学习，学生应掌握装配机器人系统工位布局的特点及应用范围。

相关知识

由装配机器人组成的柔性化装配单元可实现工件自动装配，其合理的工位布局将直接影响生产效率。在实际生产中，常见的装配机器人工作站的工位布局可分为两种：线式布局和回转式布局。

（1）线式布局　在线式布局中，装配机器人排布于生产线的一侧或两侧，具有生产率高、节省装配资源、节约人员维护、一人便可监视全线装配等优点，广泛应用于小型工件的装配场合，如图 8-35 所示。

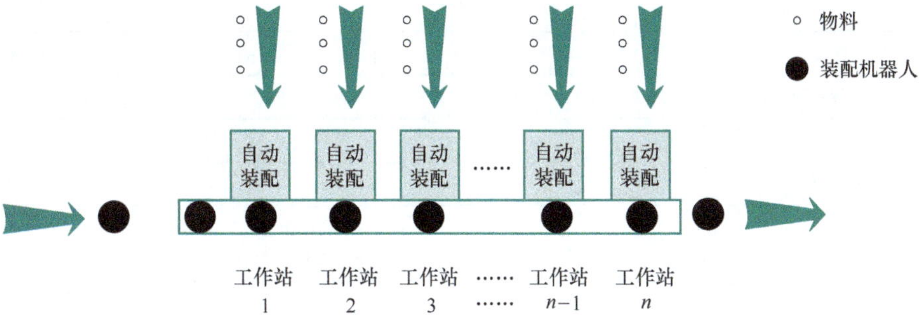

图 8-35　线式布局

（2）回转式布局　在回转式布局中，可将装配机器人聚集在一起进行配合装配，也可进行单工位装配，灵活性较大，可针对一条或两条生产线，具有输送成本低、占地面积小等优点，广泛应用于大、中型装配作业，如图 8-36 所示。

做一做

试分析线式布局和回转式布局两者之间的区别。

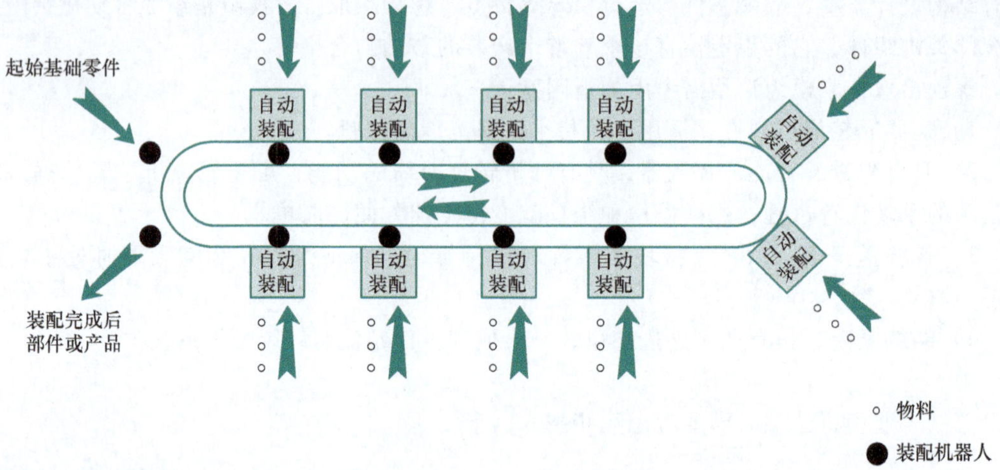

图 8-36 回转式装备配布局

项目考核

项目八考核表

考核项目		分值	自评	备注
信息收集	信息收集方法	5		
	信息收集情况	5		
	团队合作	10		
项目实施	装配机器人介绍	20		
	解析装配工作站实战案例	20		
	装配工作站分析与设计	20		
	装配生产线分析与设计	20		
小计		100		

其他考核

考核人员	分值	评分	存在的问题	解决办法
(指导)教师评价	100			
小组互评	100			
自评成绩	100			
总评	100		总评分成绩=(指导)教师评价×35%+小组互评×25%+自评成绩×40%	

项目小结

本项目以智慧工厂生产线中装配工作站中的装配过程为应用工艺案例，系统分析了装配工作站的分类、特点、组成和基本功能，介绍了典型装配机器人的工艺流程，解析了工位布局和各部件的选型方法，以案例为基础重点介绍了装配工作站的设计方法和部分程序代码。

练习题

一、填空题

1. 为了确保装配作业能正常进行，有时需要零件供给器提供机器人装配作业所需要的零部件。在生产应用中，使用较多的零件供给器是__________和__________。

2. 如果要求拍摄的物体是运动的，要处理的对象也是实时运动的，则选择__________的工业相机更为合适。

3. 如果要处理的信息与图像颜色有关，应采用__________工业相机，否则建议选用相机。

4. 根据要检测的速度选择工业相机的帧率时，相机帧率一定要__________检测速度。

5. __________价格昂贵，只用在极特殊情况下的工业、医疗、科研及安全领域的图像处理。

二、选择题

1. 装配机器人运动轨迹精度要高于（　　）工业机器人。

A. 搬运机器人　　B. 码垛机器人　　C. 焊接机器人　　D. 涂装机器人

2. 在机器视觉系统的选型中，需要先对工业相机进行选型，然后选择镜头，最后选择（　　）。

A. 分辨率　　B. 帧率　　C. 光源　　D. 相机的颜色

3. （多选）在（　　）情况下使用线阵工业相机。

A. 被测视野为细长的带状，多用于在滚筒上进行检测，可实现对运动物体的连续监测

B. 需要极大的视野或极高的精度

C. 静止检测

D. 一般低速的检测

4. 黑白工业相机的精度比彩色工业相机（　　），尤其是在看图像边缘时，黑白工业相机的效果更好。

A. 高　　B. 低　　C. 一样　　D. 不能确定

5. （多选）螺栓拾取拧紧模组选型需考虑（　　）因素。

A. 需要有较好可视性，适用于狭小空间范围拧紧。

B. 具有先进、智能的控制器，具有分析转矩曲线的功能，可智能分析拧紧数据，减少了繁琐的手动设置过程，这样操作和维护就变得更加方便、简单。

C. 螺栓送至枪头后，夹持块能很好地扶持螺栓，保证螺栓在真空吸取时处于较好的姿态。

D. 结构紧凑，具有通用连接端口，易集成到工作站流水线装配等系统中。

6. 装配机器人在应用过程中会多次控制末端工具的开启和关闭。机器人程序中用于开启末端工具信号的指令是（　　）。

A. Set　　B. Reset　　C. Add　　D. AccSet

7. 装配机器人主程序可调用多个子程序，在完成各个子程序的工作后，装配机器人会向 PLC 端发送完成信号，该信号为（　　）。

A. 模拟输出信号　　B. 模拟输入信号　　C. 数字输出信号　　D. 数字输入信号

三、判断题

1. 码垛、焊接机器人在移动物料时运动轨迹多为开放性的，而装配作业是一种约束运动类操作，即装配机器人运动轨迹精度要低于搬运、码垛、焊接和涂装机器人。（　　）

2. 装配机器人的高精度和作业稳定性有利于其在精益工业生产过程中的拓展应用。（　　）

3. 若出现相机帧率等于检测速度的情况，则要求图像的处理在工业相机曝光和传输的时间内完成。一般情况下，分辨率越高，帧率越低。(　　)

4. USB即Universal Serial Bus，中文名称为通用串行总线。(　　)

5. 数字相机采集到的是数字信号，数字信号不受电磁噪声影响，因此数字相机的动态范围更高，能够向计算机传输更精确的信号。(　　)

6. 螺栓装配及下料机器人在应用时，应将末端锁付机构和末端夹持器分别进行工具坐标系的标定。(　　)

7. 对于静止检测或一般低速的检测，优先考虑使用线阵工业相机。(　　)

8. 装配工作站线式布局可将装配机器人聚集在一起进行配合装配，也可进行单工位装配，具有输送成本低占地面积小的优点，广泛应用于大、中型装配作业。(　　)

四、简答题

1. 直角式装配机器人与关节式装配机器人都有哪些主要特性？

2. 简述装配机器人程序设计的整体思路。

3. 总结示教装配机器人程序的注意事项。

4. 在实际生产中，常见的装配机器人工作站的两种工位布局的区别是什么？

参 考 文 献

[1] 叶晖，管小清. 工业机器人实操与应用技巧 [M]. 北京：机械工业出版社，2010.

[2] 林燕文，李曙生. 工业机器人应用基础：基于 ABB 机器人 [M]. 北京：北京航空航天大学出版社，2016.

[3] 胡伟，陈彬，吕世霞，等. 工业机器人行业应用实训教程 [M]. 北京：机械工业出版社，2015.

[4] 张新星. 工业机器人应用基础 [M]. 北京：北京理工大学出版社，2017.

[5] 郝飞. 工业机器人系统操作与维护 [M]. 北京：化学工业出版社，2021.

[6] 荆学东. 工业机器人技术 [M]. 上海：上海科学技术出版社，2018.

[7] 程晓峰. 工业机器人操作与编程 [M]. 重庆：重庆大学出版社，2021.

[8] 刘超，周恩权，言勇华. 工业机器人作业系统集成开发与应用：实战及案例 [M]. 北京：化学工业出版社，2021.

[9] 金泉，杨向东，付铁编著. 码垛机器人机械结构与控制系统设计 [M]. 北京：北京理工大学出版社，2011.

[10] 张宏立，刘罗仁. 工业机器人典型应用 [M]. 北京：北京理工大学出版社，2017.

[11] 双精准示范专业建设教材编写组. 工业机器人典型应用 [M]. 北京：化学工业出版社，2021.

[12] 李慧，马正先. 工业机器人设计及控制 [M]. 北京：化学工业出版社，2021.

[13] 兰虎. 焊接机器人编程及应用 [M]. 2 版. 北京：机械工业出版社，2022.

[14] 陈永平，何燕妮，余思涵. 工业机器人仿真与离线编程 [M]. 上海：上海交通大学出版社，2018.

[15] 卜迟武著. 打磨机器人控制技术 [M]. 北京：化学工业出版社，2020.

[16] 张明文. 工业机器人编程及操作 [M]. 哈尔滨：哈尔滨工业大学出版社，2017.